Albrecht Beutelspacher

„In Mathe war ich immer schlecht ... "

Martin Aigner, Ehrhard Behrends (Hrsg.)
Alles Mathematik

Ehrhard Behrends
Fünf Minuten Mathematik

Albrecht Beutelspacher
„Das ist o.B.d.A. trivial!"
Tipps und Tricks zur Formulierung mathematischer Gedanken

Albrecht Beutelspacher
Lineare Algebra

Albrecht Beutelspacher
Kryptologie

Jörg Bewersdorff
Mit Glück, Logik und Bluff

Robert Kanigel
Der das Unendliche kannte
Das Leben des genialen Mathematikers S. Ramanujan

Matthias Ludwig
Mathematik + Sport

Dietrich Paul
PISA, Bach, Phytagoras

Winfried Scharlau
Schulwissen Mathematik: Ein Überblick

Rudolf Taschner
Der Zahlen gigantische Schatten

Vieweg
Berufs- und Karriereplaner Mathematik

www.viewegteubner.de

Albrecht Beutelspacher

„In Mathe war ich immer schlecht..."

Berichte und Bilder von Mathematik und
Mathematikern, Problemen und Witzen, Unendlichkeit
und Verständlichkeit, reiner und angewandter,
heiterer und ernsterer Mathematik

Mit Illustrationen von Andrea Best

5., aktualisierte Auflage

STUDIUM

**VIEWEG+
TEUBNER**

Bibliografische Information der Deutschen Nationalbibliothek
Die Deutsche Nationalbibliothek verzeichnet diese Publikation in der
Deutschen Nationalbibliografie; detaillierte bibliografische Daten sind im Internet über
<http://dnb.d-nb.de> abrufbar.

Prof. Dr. Albrecht Beutelspacher
Justus-Liebig-Universität Gießen
Mathematisches Institut
Arndtstraße 2
D-35392 Gießen

albrecht.beutelspacher@math.uni-giessen.de
http://www.uni-giessen.de/beutelspacher/

1. Auflage 1996
   2 Nachdrucke
2. Auflage 2000
3. Auflage 2001
   3 Nachdrucke
4. Auflage 2008
5., aktualisierte Auflage 2009

Alle Rechte vorbehalten
© Vieweg+Teubner | GWV Fachverlage GmbH, Wiesbaden 2009

Lektorat: Ulrike Schmickler-Hirzebruch | Nastassja Vanselow

Vieweg+Teubner ist Teil der Fachverlagsgruppe Springer Science+Business Media.
www.viewegteubner.de

Umschlaggestaltung: KünkelLopka Medienentwicklung, Heidelberg
Umschlagmotiv: Regine Zimmer, Dipl.-Designerin, Frankfurt/Main
Portraitphoto: Rolf K. Wegst, www.rolfwegst.com
Druck und buchbinderische Verarbeitung: MercedesDruck, Berlin
Gedruckt auf säurefreiem und chlorfrei gebleichtem Papier.
Printed in Germany

ISBN 978-3-8348-0774-8

Zu Beginn

„... und was machen Sie beruflich?"

Das war die falsche Frage. Ich hatte mich seit einer Viertelstunde mit der freundlichen jungen Dame angenehm und angeregt unterhalten, wir hatten über dies und das, Politik und Politiker, Kunst und Kinder, Lust und Laune gesprochen, als sie, nicht einmal unfreundlich, diese Frage stellte.

Ich versuchte, dem Unglück auszuweichen, und antwortete betont beiläufig: „Ich arbeite an der Uni."

Aber das Schicksal nahm seinen Lauf: „Echt? Das ist aber interessant! Und in welchem Fachbereich?"

Aus, Schluss, Ende. Schade, denn die Frau war wirklich nett. Jetzt musste ich mich outen, und dann, das wusste ich aus eigener Erfahrung und Erzählungen vieler Kollegen, würde die Verbindung unterbrochen sein. Noch ein kaltes Lächeln, ein paar Höflichkeitsfloskeln und aus. Aber es half nichts, und so bekannte ich tapfer: „Ich bin Mathematiker".

Ich wusste, was jetzt kam, und brauchte gar nicht mehr hinzuschauen. Sie würde zusammenzucken, ihr freundliches Gesicht würde sich verschließen, nur ihre gute Erziehung würde sie vor einem Wutanfall bewahren, sie würde stammeln „in Mathe war ich immer schlecht" und sich dann endgültig von mir abwenden.

„Warum schauen Sie so traurig?"

Wie bitte, was sagte sie da? „Entschuldigen Sie, ich war einen Augenblick lang abwesend."

„Das habe ich gemerkt." Sollte sie vielleicht zu den ganz wenigen gehören, die...? Da sprach sie weiter:

„Wissen Sie, in Mathe war ich immer schlecht ..."

Na also. Ich wusste es. Auch sie. Niemand versteht mich. Aus.

„... und deswegen würde mich eigentlich interessieren, was Sie so machen."

Hör ich recht? Täuscht mich nicht mein Ohr?

Ich hatte den Eindruck, dass ich etwas erklären musste. „Wissen Sie, es ist eigentlich immer so, dass sich die Leute sofort zurückziehen, wenn sie erfahren, dass ich Mathematiker bin. Ich werde komisch angesehen, wie wenn ich von einem anderen Stern käme, und jedes Gespräch hört auf."

„Hm. Ist das immer so?"

„Ganz furchtbar ist es mit den Politikern. Wenn ein Landrat oder ein Minister eine Mathematiktagung eröffnet, kokettiert er richtig damit, dass er schon in der Schule in Mathematik schlecht war und von unserer Wissenschaft rein gar nichts versteht. Ein Skandal! So ein Mann würde sich doch nie trauen, bei der Eröffnung eines Anglistenkongresses zuzugeben, dass er kein Englisch kann."

„Na, das klingt ja furchtbar. Aber ich kann die Leute schon verstehen. Jeder muss Mathe in der Schule lernen, aber keiner kapiert, was das ist, Mathematik. Von Bio, Kunst, Literatur weiß ich zwar auch nicht mehr viel, aber ich habe das Gefühl zu wissen, um was es dabei geht. Sogar von Wissenschaften, die ich in der Schule nicht hatte, wie Jura und Volkswirtschaft, glaube ich, ein bisschen zu verstehen. Aber Mathe? Keine Ahnung. Eine Mauer. Und nicht mal die besten kommen durch."

„Und Sie meinen?"

„Ist doch klar. In der Schule musste jeder eine Strategie entwickeln, wie er den Mathematikunterricht, in dem er keinen Sinn erkannte, einigermaßen überleben konnte. Und das hat er nicht vergessen. Auch wenn er Karriere gemacht hat."

„Aber das stimmt doch gar nicht", ereifere ich mich, „Mathematik ist voller Schönheiten, enthält Kulturleistungen ersten Ranges und hat viele praktische Anwendungen."

„Das mag ja alles sein", werde ich gebremst, „aber das weiß doch niemand. Kein Mensch weiß, was die Mathematiker eigentlich treiben, was Mathematik ist und was sie uns nützt. Das scheint wirklich eine Welt für sich zu sein."

„Aber jeder kann sich doch informieren, es gibt zahllose Mathematikbücher, in denen das drinsteht", verteidige ich mich.

Da wird sie fast ernst, schaut mich an und sagt: „Keine Ausreden! Ihr Mathematiker habt die Pflicht, uns zu erklären, was ihr macht. Nicht alles, aber doch soviel, dass wir anderen ein bisschen was verstehen. Das kann doch nicht so schwer sein. Ich will doch zum Beispiel auch nicht alle Einzelheiten der kontrapunktischen Technik von Johann Sebastian Bach wissen, aber wenn jemand darüber forscht, wird er mir bestimmt erklären, was er macht. Warum tut ihr Mathematiker das nicht?"

„Weil ... weil das doch niemand interessiert", stottere ich.

„Quatsch!" Jetzt wird sie energisch. „Im Gegenteil, ich kenne viele Leute, die endlich wissen wollen, was Mathematik wirklich ist, nachdem sie das in der Schule nicht mitbekommen haben."

„Sie meinen?"

„Ja, ich meine." Und dann lächelt sie: „Ich fänd's zum Beispiel schön, wenn Sie mir ein bisschen erzählen würden. Sie können das bestimmt gut. Es muss ja nichts so furchtbar Tiefsinniges sein. Womit beschäftigen sich Mathematiker überhaupt? Was forschen Sie? Gibt es noch Geheimnisse? Warum muss das eigentlich so unverständlich sein? Ich fänd's einfach nett, wenn Sie mal versuchen würden, mir ein bisschen auf die Sprünge zu helfen."

Ach! Ist das schön! Das ist ja fast zu schön!

Da meinte sie noch: „Es muss ja nicht sofort sein:"

... und damit blenden wir uns aus diesem Gespräch aus, denn seine unmittelbare Fortsetzung hatte nur wenig mit wissenschaftlicher Mathematik zu tun...

$$=====$$

Dieses Buch ist meine Antwort auf die Herausforderung der jungen Frau.

Mein Ziel ist gleichzeitig bescheiden und verwegen: Ich will Sie, liebe Leserin, lieber Leser, nicht zur Mathematik bekehren. Ich erhoffe mir auch keine Liebeserklärung (an die Mathematik). Und ich erwarte nicht, dass Sie nach der Lektüre dieses Buches Mathematik „können". Aber ich wünsche mir, dass die eine oder der andere bei oder nach der Lektüre denkt:

„Eigentlich ganz witzig / nützlich / aufregend, was die da machen", oder

„So geheimnisvoll ist Mathematik ja gar nicht!" oder auch einfach nur stöhnt:

„Diese Mathematiker!"

Für wen habe ich dieses Buch geschrieben? Natürlich zunächst für Sie, junge Dame, die mich so liebenswürdig dazu aufgefordert hat. Aber mit Ihnen kann jeder Mensch das Buch ohne Reue genießen, der

- Mathematik liebt, oder

- Mathematik hasst, oder

- einfach *in Mathe immer schlecht war.*

$$=====$$

Viele der Texte sind entstanden, als ich darüber nachdachte, wie ich Mathematik in Vorlesungen, Vorträgen und anderen Veranstaltungen vermitteln kann. Daher habe ich beim Schreiben vor allem an folgende Leser gedacht, denen ich das Buch besonders ans Herz legen möchte:

- Studierende der Mathematik. Für sie kann das Buch auch eine etwas andere Einführung in das Studium sein.

- Ehemalige Studierende, also Mathematiklehrerinnen und -lehrer, sowie Kolleginnen und Kollegen aus der Wirtschaft. Für sie kann es als Argumentationshilfe gegenüber nichtmathematischen Kolleginnen und Kollegen dienen.

- Zukünftige Studierende, also interessierte Schülerinnen und Schüler. Für sie kann dieses Buch ein erster Einblick in eine neue Welt sein.

Dieses Büchlein besteht aus einzelnen Betrachtungen, die lose in die folgenden fünf Abschnitte eingeteilt werden:

- Was ist Mathematik? oder Versuch der Beschreibung eines Unbeschreiblichen

- Mathematik von außen betrachtet oder Wir nähern uns der Sache ganz behutsam

- Wir machen Mathematik oder Keine Angst!

- Mathematiker oder Was sind das für Menschen?

- Angewandte Mathematik oder Warum und wie?

Lassen Sie sich überraschen!

Nur eine Bemerkung vorab: Im dritten Abschnitt lade ich Sie ein, mit mir ein bisschen Mathematik zu machen. Ich verspreche Ihnen, keinen „Mathe-Horror" zu erzeugen. Dafür bürgen schon die Themen: Der Fußball, das Schachbrett und Zaubertricks. Sie werden die jeweilige Fragestellung *und* die Antwort verstehen!

Im Gegensatz zu vielen Mathematikbüchern können Sie dieses Buch an jeder Stelle aufschlagen und sofort zu lesen beginnen. Denn mathematische Vorkenntnisse brauchen Sie nur im letzten Kapitel, und auch dort nur an ganz wenigen Stellen. Und wenn Sie diese nicht verstehen, blättern Sie einfach eine Seite weiter. Sie kommen danach wieder genauso gut mit wie jeder andere.

Die einzelnen Beiträge sind teilweise witzig, teilweise ernst, manchmal kurz und manchmal lang, zum Teil werden Randthemen, zum Teil zentrale Themen behandelt. Aber allen Beiträgen ist eines gemeinsam: Es sind *meine* Blicke aus der Mathematik heraus und von außen auf die Mathematik. Allerdings sind auch meine Blickwinkel sehr verschieden, und ich versuche überhaupt nicht, sie zu harmonisieren.

Manchen werden einige Abschnitte zu unseriös sein, andere werden sich vielleicht an meinen teilweise deutlichen Aussagen stoßen. Beide Gruppen bitte ich um Nachsicht. Lesen Sie einfach nur das, was Ihnen gefällt!

Dies ist ein traditionelles Buch. Es besteht aus Papier, ist gebunden und hat einen Umschlag. Sie können es in die Hand nehmen, Sie können sich damit abends zu Hause in den Sessel setzen und es sogar mit ins Bett nehmen.

Eine meiner Quellen ist aber ganz anderer Art. Damit meine ich nicht die Textverarbeitung mit dem Computer, sondern die Möglichkeit, in den internationalen Datennetzen unbeschränkt nach interessanter, merkwürdiger oder kurioser Mathematik zu suchen. Ich habe nicht nur im Netz gestöbert, sondern besonders aus den Beiträgen der Newsgroup sci.math viel gelernt. Neben vielem Unnötigen und Ärgerlichen sind dort auch Schätze zu finden.

Dies ist ein subjektives Buch. Sie können viel aus diesem Buch lernen. Denn indem ich sehr nahe an die Mathematik herangehe, kann ich Dinge klar sagen, die in der nüchternen Wissenschaftssprache grundsätzlich nicht ausdrückbar sind.

Gerade ein so offenes Buch hätte ich ohne die ständige Ermutigung vieler Menschen nicht schreiben können.

Von Zeit zu Zeit habe ich Freunden und Bekannten Entwürfe einzelner Kapitel geschickt, worauf viele mit wahren Bekenntnisbriefen reagierten. Offenbar haben diese Abschnitte wunde Punkte berührt. Die Briefe haben mir gezeigt, dass ich auf dem richtigen Weg war.

Ich danke vielen Musen weiblichen und männlichen Geschlechts für ihre unschätzbaren Dienste: Benno Artmann, Christoph Beutelspacher, Jörg Eisfeld, Christian Fenske, Udo Heim, Günter Hölz, John Lochhas, Ute Rosenbaum, Meike Stamer, Johannes Ueberberg, Hans-Georg Weigand, Herbert Zeitler. Für Hilfe in letzter Minute danke ich Klaus-Clemens Becker und Markus Failing.

Ganz besonders möchte ich meinem Kollegen Axel Pfau danken. Er hat mich seit Jahren immer wieder direkt („Sie können das!") und indirekt aufgefordert, ein solches Buch zu schreiben. Eigentlich saß er mir während des Schreibens immer „virtuell" gegenüber. Was wird er nun zu dem fertigen Produkt sagen?

Ich hatte das große Glück, dass ich Andrea Best gewinnen konnte, Illustrationen für dieses Buch zu zeichnen. Da sie nicht nur Kunst, sondern auch Mathematik studiert hat und unter anderem bei mir Vorlesungen gehört hat, weiß sie, wovon sie zeichnet. Ich bin überzeugt, dass das Buch durch ihre Illustrationen sehr gewonnen hat. Herzlichen Dank!

Nicht zuletzt danke ich dem Vieweg Verlag und vor allem meiner Lektorin, Frau Ulrike Schmickler-Hirzebruch. Ich weiß, dass nicht wir Autoren allein die Bücher machen, sondern dass die Mitarbeiter des Verlags mit ihren Kenntnissen und ihrer Erfahrung beim Entstehen eines Buches eine wesentliche Rolle spielen.

Und bei einem Buch, das aus der Reihe tanzt, ist das besonders wichtig.

Inhaltsverzeichnis

Was ist Mathematik?
oder
Versuch der Beschreibung
eines Unbeschreiblichen

Hier finden Sie:

- Verschiedene Sichtweisen der Mathematik

- Eine Diskussion über das Wesen eines mathematischen Satzes

- Die Rolle des Unendlichen in der Mathematik

- Ein Gespräch, in dem ein Rabe dem Teufel demonstriert, wie man ganz legal Raum und Geld zaubert

Was ist Mathematik?

Genauso wie bei vielen anderen Erscheinungsformen des Lebens (Philosophie, Musik, Liebe) kann Mathematik nicht eindeutig definiert werden. Jede Definition wäre entweder nichtssagend oder zu einengend. Man kann aber versuchen, Mathematik von verschiedenen Seiten zu beleuchten. Dabei offenbaren sich überraschende und tiefe Einblicke in das Wesen der Mathematik.

„Denk ich an Mathe in der Nacht, bin ich um den Schlaf gebracht." – Vielleicht können auch Sie in diesen Heinrich Heine nachempfundenen Stoßseufzer einstimmen. Aber die Tatsache, dass Sie bis hierher gelesen haben, lässt mich hoffen, dass Sie diesen Satz nicht für eine abschließende Beschreibung der Mathematik halten.

Bevor wir versuchen, Mathematik zu beschreiben, beantworten wir die einfachere Frage: Was ist Mathematik *nicht*?

- *Mathematik ist keine Naturwissenschaft.*
  Die Gegenstände der Mathematik sind nicht diejenigen der Naturwissenschaften: In der Mathematik geht es nicht primär um real existierende Objekte wie Fernsehröhren, Kohlenstoffverbindungen oder Bakterien, sondern um geistige Gegenstände, wie Zahlen, Punkte, Geraden und ihre Beziehungen. Aber auch die Methode der Mathematik ist anders: Es geht nicht darum, aus Einzelbeobachtungen „induktiv" ein Naturgesetz zu erschließen, sondern aus einer mathematischen Aussage eine andere „deduktiv" (das heißt durch reines Denken) abzuleiten.
  Die Abgrenzung der Mathematik gegenüber den Naturwissenschaften bedeutet aber nicht, dass es keine Verbindungen gibt. Im Gegenteil: Große Teile der Mathematik sind durch naturwissenschaftliche Fragestellungen motiviert, und die klassische angewandte Mathematik besteht aus Anwendungen in den Naturwissenschaften, vor allem in der Physik.

- *Mathematik ist kein Sport.*
  Auch kein Denksport. Zwar hat Mathematik sehr viel mit Denken zu tun, und der Übergang von Denksportaufgaben zu ernsthaften mathematischen

Problemen ist oft fließend. Aber Mathematik nur als eine Sammlung von Denksportaufgaben aufzufassen, greift zu kurz. Die Aufgabe der Mathematik besteht nicht darin, möglichst viele Kreuzworträtsel oder Logeleien zu lösen, sondern sie beschäftigt sich mit Problemen, die eine „Bedeutung" haben. Das muss nicht heißen, dass die Probleme der Mathematik aus den Anwendungen kommen, ihre Bedeutung ist in der Regel vor allem innermathematisch begründet – und sehr häufig ist die Bedeutung eines Problems nicht von vornherein sichtbar.

Die Abgrenzung der Mathematik gegenüber Denksportaufgaben heißt aber nicht, dass es keine Zusammenhänge gibt. Anspruchsvolle Denksportaufgaben dienen nicht nur als Inspiration für Forscher, sondern haben ihre Funktion auch in der Erziehung junger Mathematikerinnen und Mathematiker.

- *Mathematik ist kein Glaube.*
In der Mathematik sprechen wir nicht in vager, objektiv nicht überprüfbarer Weise über die geistigen Gegenstände. Vielmehr ist Mathematik eine Wissenschaft, manche sagen sogar: das ideale Modell einer Wissenschaft. Das Besondere an der Mathematik ist gerade, dass man objektiv verifizierbare Aussagen über geistige Gegenstände, wie zum Beispiel die unendliche Menge allen natürlichen Zahlen machen kann.

Die Abgrenzung der Mathematik gegenüber religiösen Phänomenen wie Glaube, bedeutet nun aber nicht, dass dies völlig getrennte Welten sind. Wie keine andere exakte Wissenschaft lotet die Mathematik die Grenzen menschlicher Erkenntnis aus. Objekte der mathematischen Neugierde sind vor allem unendliche Gegenstandsbereiche. Typische Fragen, die die Mathematik beantworten kann, sind: Wie kann man über alle Gegenstände unendlicher Bereiche nachprüfbare Aussagen machen? Wie kann man unendliche Bereiche vergleichen? Gibt es verschiedene Stufen der Unendlichkeit?

Übrigens: Ich sage nicht „Mathematik ist keine Kunst." Auf banale Weise ist dieser Satz natürlich richtig: Mathematik ist nicht Musik, Malerei oder Poesie. Aber es gibt tief liegende Verwandtschaften zwischen der Arbeit eines Mathematikers und der eines Künstlers, und wir werden in diesem Buch an einigen Stellen Musik oder Literatur zur Verdeutlichung heranziehen.

Was ist Mathematik nun wirklich? Aus den obigen Abgrenzungen können wir schon das folgende ableiten: Mathematik beschäftigt sich in objektiv nachvollziehbarer Weise mit „wichtigen" geistigen Gegenständen.

Auch das ist natürlich keine Definition der Mathematik. Ich werde auch gar nicht versuchen, *eine Definition* für die Mathematik anzugeben. Ich biete Ihnen gleich *vier* an.

Genauer gesagt beschreibe ich vier Sichtweisen der Mathematik, von denen sich keine auf die andere reduzieren lässt, die sich aber gegenseitig ergänzen. Es handelt sich um koexistente Beschreibungen der Mathematik. In jedem Mathematiker sind alle vier Aspekte vorhanden, bei einem der eine mehr, beim anderen der andere.

Bei dem Begriff „Mathematik" stellen sich schnell Assoziationen wie „Logik", „Beweis", „Korrektheit" ein. In der Mathematik gibt es „Sätze", die aus Voraussetzung und Behauptung bestehen, und die man beweisen muss. Die Sätze sind oft als „Wenn-dann-Aussagen" ausgedrückt: *Wenn* die Voraussetzung gilt, dann gilt auch die Behauptung.

Dies ist die traditionelle Sicht der Mathematik, die wir kurz so formulieren:

**Mathematik ist der Versuch,
logische Zusammenhänge zu entdecken.**

Das Schema ist klar: Eine Aussage B wird auf eine andere Aussage A zurückgeführt, aus der sie logisch abgeleitet werden kann. Man sagt dazu auch, man beweist die Implikation

$$A \Rightarrow B.$$

Dieser Ansatz geht auf die alten Griechen zurück, die vor über 2000 Jahren die Macht logischer Argumente entdeckten.

Dies klingt für uns banal, aber man kann die Bedeutung dieser Idee kaum überschätzen: Statt A und B direkt zu verifizieren, braucht man nur A zu verifizieren. Und wenn man eine Aussage C auf B zurückführen kann, braucht man nur A zu verifizieren; B und C gelten dann automatisch.

Das Ziel der Mathematik ist also, logische Abhängigkeiten zwischen Aussagen zu entdecken. Darunter fällt auch der Versuch, Abhängigkeiten zwischen Begriffen herauszufinden („jedes Rechteck ist ein Parallelogramm"). Eines wird dabei auch deutlich: Es handelt sich stets um mathematische Aussagen und mathematische Begriffe.

Wenn man diesen Ansatz radikal weiterverfolgt, so kommt man dazu, die ganze Mathematik, beziehungsweise ein Teilgebiet, wie zum Beispiel die Geometrie, auf wenige Grundaussagen zurückzuführen. Diese Grundaussagen werden *Axiome* genannt.

Extrem ausgedrückt: Aus den Axiomen kann die gesamte Theorie (also zum Beispiel die Geometrie) logisch entwickelt werden; in den Axiomen „steckt die ganze Theorie bereits drin".

Der erste Versuch eines „axiomatischen Aufbaus" war die Geometrie von Euklid (ca. 300 v. Chr.), die er in seinen „Elementen" dargelegt hat. Wenn auch – aus heutiger Sicht – noch manche Lücke zu finden ist, so ist doch der Anspruch insgesamt großartig eingelöst: Aus wenigen Axiomen wird die gesamte „euklidische Geometrie" aufgebaut.

Die erste lückenlose Axiomatik der Geometrie wurde von David Hilbert (1862–1943) geliefert, der mit seinem Buch „Grundlagen der Geometrie" 1899 die Diskussion über die Grundlagen der Geometrie in gewissem Sinne abschloss und einen Grundstein für die Mathematik des 20. Jahrhunderts legte.

Die Axiome können naturgemäß nicht mehr auf andere Aussagen zurückgeführt werden. Mit anderen Worten: Die Gültigkeit der Axiome kann nicht mehr mathematisch bewiesen werden. Dies hat eine wichtige Konsequenz bei Anwendungen dieser Theorie: Die Gültigkeit der Axiome muss dann zum Beispiel empirisch verifiziert werden.

Konsequent zu Ende gedacht führt dieser Ansatz zu einem formalistischen Verständnis von Mathematik. Aus dieser Sicht besteht ein Beweis einer mathematischen Aussage prinzipiell nur darin, eine „Wahrheitstafel" richtig auszufüllen.

Mit Hilfe einer Wahrheitstafel kann die Richtigkeit einer logischen Formel auf prinzipiell ganz einfache Weise überprüft werden. Im folgenden Abschnitt wird dies ausgeführt. Wenn Sie das nicht interessiert, können Sie den Exkurs auch getrost überblättern.

Exkurs über Wahrheitstafeln

Im Folgenden soll das Instrument der Wahrheitstafeln näher beschrieben werden. Diese beziehen sich auf Aussagen; daher müssen wir erst klären, was man in der Mathematik unter einer „Aussage" versteht.

In der Mathematik geht es um Aussagen über mathematische Sachverhalte; diese Aussagen sind entweder richtig oder falsch. Aus schon bestehenden Aussagen (richtigen oder falschen) können wir neue Aussagen zusammensetzen, die ebenfalls richtig oder falsch sein können. Bei diesen Prozessen des Zusammensetzens handelt es sich um Grundtechniken der Mathematik.

Was eine Aussage „ist", definieren wir nicht. Wir brauchen das auch gar nicht zu tun, wir müssen nämlich mit Aussagen nur richtig umgehen können. Entscheidend ist, dass eine Aussage prinzipiell nur falsch oder wahr sein kann. Aussagen in diesem Sinne sind zum Beispiel die folgenden:

Am Nordpol herrschen mehr als 50° Celsius.
Alle Mathematikstudenten sind intelligent.
Es gibt unendlich viele Primzahlen.
2 + 2 = 5.

Keine Aussagen sind zum Beispiel:

Hallo!
5 + 3
π
Howgh, ich habe gesprochen!

Die *erste Funktion von Wahrheitstafeln* ist zu erklären, wie man aus zwei Aussagen A und B eine dritte machen kann. Die wichtigsten „zusammengesetzten" Aussagen sind:

$\neg$ A (nicht A),
A $\vee$ B (A oder B),
A $\wedge$ B (A und B),
A $\Rightarrow$ B (wenn A, dann B),
A $\Leftrightarrow$ B (A genau dann, wenn B).

Wie kann man eine solche zusammengesetzte Aussage beschreiben? Wir erinnern uns, dass eine Aussage wahr oder falsch ist. Wir müssen also für unsere zusammengesetzten Aussagen nur festlegen, wann sie wahr und wann sie falsch sein sollen. Das hängt natürlich davon ab, ob die Aussagen A und B wahr oder falsch sind. Dies können wir mit Hilfe von **Wahrheitstafeln** ausdrücken.

Wir betrachten als Beispiele die zusammengesetzten Aussagen A $\wedge$ B („A und B") und A $\Rightarrow$ B („wenn A, dann B"):

Wahrheitstafel für $A \wedge B$

A	B	A $\wedge$ B
w	w	w
w	f	f
f	w	f
f	f	f

Das bedeutet:

Wenn A und B wahr sind, so ist $A \wedge B$ eine **wahre** Aussage.
Wenn A wahr und B falsch ist, so ist $A \wedge B$ eine **falsche** Aussage.
Wenn A falsch und B wahr ist, so ist $A \wedge B$ eine **falsche** Aussage.
Wenn A und B falsch sind, so ist $A \wedge B$ eine **falsche** Aussage.

Beispiel: Die Aussage $(2 + 2 = 5) \wedge (5$ ist eine Primzahl) ist eine falsche Aussage.

Wahrheitstafel für $A \Rightarrow B$

A	B	$A \Rightarrow B$
w	w	w
w	f	f
f	w	w
f	f	w

Das bedeutet:

Wenn A und B wahr sind, so ist $A \Rightarrow B$ eine **wahre** Aussage.
Wenn A wahr und B falsch ist, so ist $A \Rightarrow B$ eine **falsche** Aussage.
Wenn A falsch und B wahr ist, so ist $A \Rightarrow B$ eine **wahre** Aussage.
Wenn A und B falsch sind, so ist $A \Rightarrow B$ eine **wahre** Aussage.

Beispiel: Die Aussage $(2 + 2 = 5) \Rightarrow (5$ ist eine Primzahl) ist eine wahre Aussage.

Wahrheitstafeln dienen nicht nur der Definition von Aussagen; ihre *zweite Funktion* besteht darin, dass man mit ihnen (einfache) Sätze beweisen kann.

Was ist ein mathematischer Satz? Eine formale Art, dies zu sehen, ist folgende: Ein mathematischer Satz ist eine zusammengesetzte Aussage, die *immer wahr* ist. Damit meinen wir, dass sie unabhängig von der Verteilung der Wahrheitswerte der Einzelaussagen wahr ist. (Eine ausführliche Diskussion des Wesens mathematischer Sätze erfolgt im nächsten Abschnitt.)

Betrachten wir dazu ein einfaches Beispiel. Wir wollen uns überzeugen, dass die Aussage $(A \wedge B) \Rightarrow A$ gilt. Mit dem Kalkül der Wahrheitstafeln geht man dabei wie folgt vor. Es werden sämtliche Variablen (in unserem Fall sind dies nur A und B) aufgeführt, alle Kombinationen von wahr und falsch aufgelistet und für jede einzelne Kombination durch elementare logische Schlüsse verifiziert, dass die behauptete Aussage richtig ist:

Wahrheitstafel für $(A \wedge B) \Rightarrow A$

A	B	$A \wedge B$	$(A \wedge B) \Rightarrow A$
w	w	w	w
w	f	f	w
f	w	f	w
f	f	f	w

Das bedeutet: Die Aussage $(A \wedge B) \Rightarrow A$ gilt stets; sie ist also ein mathematischer Satz.

========

Wir kommen nun zur zweiten Sichtweise der Mathematik. Die These lautet:

Mathematik ist eine Sammlung von Ideen

Manchmal ist es einfach, die Implikation „$A \Rightarrow B$" zu „beweisen"; das bedeutet, eine Abfolge von logischen Schlussregeln zu finden, mit Hilfe derer B aus A folgt.

Manchmal ist es aber schwierig, einen Satz zu beweisen.

Wenn man nicht weiß, wie der Satz des Pythagoras bewiesen werden kann, hat man keine Chance. Man braucht eine Idee. Mit dieser Idee sollte der Beweis (des Satzes von Pythagoras) dann einfach sein.

Für Beweise vieler Sätze braucht man viele Ideen, und manche Ideen sind wirklich schwierig. Auch durch ein Mathematikstudium lernt man keine Methoden, um Ideen zu bekommen. Natürlich wird man routiniert, es gibt Methoden, die man ausprobieren kann. Aber die Idee zu einem neuen Beweis ist immer eine schöpferische Leistung!

Manchmal ist es sehr schwierig, einen Satz zu beweisen.

Ein berühmtes Beispiel ist der „große Satz von Fermat".

Exkurs über den großen Satz von Fermat

Beim „großen Satz von Fermat" (manchmal auch „letzter Satz von Fermat" genannt) geht es um folgende Behauptung: *Es gibt keine natürlichen Zahlen* $x, y, z \neq 0$, *welche für* $n \geq 3$ *die Gleichung* $x^n + y^n = z^n$ *erfüllen.*
Der französische Jurist und Hobbymathematiker Pierre de Fermat (1601-1665) notierte viele seiner Erkenntnisse nur als Randnotizen in den Mathematikbüchern, die er gerade durcharbeitete. Als er die Werke des antiken Mathematikers Diophant las, schrieb er in dieses Buch, dass er einen wunderbaren Beweis für obige Aussage habe, doch der Rand zu schmal sei, ihn zu fassen. Seit dieser Zeit hat dieses Problem zahlreiche der besten Mathematiker fasziniert, und sie versuchten, einen Beweis zu finden – bis vor kurzem ohne Erfolg.
Am 23.6.1993 präsentierte der englische Mathematiker Andrew J. Wiles, der in Princeton (USA) forscht und lehrt, am Ende einer Vortragsreihe an der Universität Cambridge dem darauf völlig unvorbereiteten Publikum ein Ergebnis, aus dem der „große Fermat" folgt.
Das war wahrscheinlich die größte mathematische Sensation des 20. Jahrhunderts. Es stellte sich jedoch heraus, dass der Beweis eine Lücke hatte. Aber es gelang Wiles, eine Beweisvariante zu finden, in der keine Lücke auftritt. Der Beweis umfasst aber immer noch mehrere hundert Seiten subtilste mathematische Argumentation, von denen ein normaler Mathematikstudent kaum eine verstehen wird.
Der Beweis hat sogar Eingang in das *Guinness Buch der Rekorde 1996* gefunden: „Exakt 374 Jahre – dauerte die Lösung eines mathematischen Problems".
Prinzipiell kann man sich natürlich auch den Beweis des Fermatschen Satzes als eine gigantische Wahrheitstafel vorstellen, in der die Wahrheitswerte aller Variablen eingetragen werden, und dann in kleinsten Schrittchen alles formal bewiesen wird.
Aber unser Gefühl sagt uns, dass dies nicht der richtige Gesichtspunkt ist. Hier findet ein Umschlag von Quantität in Qualität statt: Der Beweis des Fermatschen Satzes kann nicht durch blindes mechanisches Schließen erhalten werden, sondern man braucht Ideen, Einsichten und Strategien – und diese hatte Andrew J. Wiles.

Aber auch bei weniger spektakulären Sätzen ist der Beweis nicht nur Routine, sondern man braucht eine Idee, oft sogar viele Ideen. Solche Ideen sind Glücksfälle, zum Teil große glückliche Ideen, die nur selten vorkommen.

Daher muss man diese Ideen sammeln und weitergeben. Studierende stöhnen oft darüber, wie schwer es ist, die Beweise nachzuvollziehen und zu verstehen. Aber: Es ist noch viel schwerer, Beweise zu *finden!* Vielleicht hilft ein Vergleich mit der Musik: Es ist sehr schwer, eine Klaviersonate von Beethoven gut zu spielen, und nur wenige können es. Aber eine solche Klaviersonate zu komponieren, das heißt aus dem Nichts zu erfinden, ist unvergleichlich viel schwerer.

In dieser Sicht ist die Mathematik ein Kulturgut, das wir sorgfältig pflegen und weitergeben müssen. Wie leicht passiert es, dass mir eine Idee, die mir völlig klar war, nicht mehr einfällt und ich sie mühsam rekonstruieren muss. Und manchmal ist die Idee auch nicht mehr rekonstruierbar und ganz verloren ...

Extrem ausgedrückt: Wenn plötzlich niemand auf der Welt mehr Mathematik könnte, wenn alle Beweisideen verloren wären und es die mathematischen Methoden nicht mehr gäbe, dann müssten wir nochmals von vorne anfangen, und es würde wahrscheinlich genau so lange dauern wie beim ersten Mal.

Wie in jeder anderen Wissenschaft geht es in der Mathematik zunächst darum, die zu untersuchenden Gegenstände so zu beschreiben, dass sie wiedererkannt werden können. Sie müssen sowohl von mir wiedererkannt werden, wenn sie in anderem Zusammenhang auftauchen, als auch von anderen, mit denen ich über diese Gegenstände sprechen möchte. Im Gegensatz zu den meisten anderen Wissenschaften hat die Mathematik eine Sprache entwickelt, mit der sie ihre Gegenstände sehr gut beschreiben kann. Einschränkend kann man dies so ausdrücken: Die Mathematik beschränkt sich auf diejenigen Gegenstände, die sie gut beschreiben kann. Daher lautet die dritte These:

Mathematik ist ein Werkzeug, um die Welt zu beschreiben

Mathematik ist eine besonders gute Art, die Welt, oder, sagen wir etwas bescheidener, gewisse Vorstellungen der Welt gut zu beschreiben. In diesem Sinn ist Mathematik eine Sprache, um Probleme zu formulieren. Wenn es sich um eine gute Beschreibung handelt, sollte auch die Lösung des Problems in dieser Sprache formulierbar sein; im Idealfall wird durch die Beschreibung des Problems auch eine Lösung des Problems nahegelegt.

Aus dieser Sicht kann die angewandte Mathematik beschrieben werden. Wenn ein reales Problem mit Hilfe der Mathematik gelöst werden soll, so muss, jedenfalls im Prinzip, zunächst ein mathematisches Modell des realen Problems erstellt werden; die mathematische Theorie bezieht sich dann im Grunde nur auf das mathematische Modell.

Manchmal – nicht immer – passt das Modell wie angegossen auf die Wirklichkeit, so dass der Modellcharakter in den Hintergrund tritt.

Ein Musterbeispiel dafür ist die analytische Geometrie. Dort werden Punkte durch Koordinaten (etwa (a, b)) und Geraden durch Gleichungen (zum Beispiel $y = m\,x + n$) beschrieben. Dies ist eine so überzeugende und erfolgreiche Beschreibung der Punkte und Geraden, dass sie uns heute selbstverständlich vorkommt. Dabei kam die Geometrie lange ohne Koordinaten aus; bei Euklid (ca. 300 v. Chr.) gab es keine Koordinaten; diese wurden erst von René Descartes (1596-1650) im Jahre 1637 im Anhang *La Géometrie* zu seinem Buch *Discours de la méthode* ... eingeführt.

Ein weiteres Beispiel einer Modellierung, bei der uns der Modellcharakter kaum noch bewusst ist, ist die Codierung von Texten, Bildern und Ton durch Zahlen oder Bits. Dass man jeden Text durch eine Folge von Bits darstellen kann, ist uns selbstverständlich. Das populärste Beispiel dafür ist die ASCII-Codierung (American Standard Code of Information Interchange), bei dem jedes Zeichen durch acht Bit dargestellt wird, zum Beispiel:

A: 01000001, B: 01000010, C: 01000011 usw.

So codierte Texte können ohne größere Schwierigkeiten digital übermittelt und weiterverarbeitet (etwa komprimiert oder verschlüsselt) werden.

Schließlich, aber nicht zuletzt, dienen die Begriffe, Sätze, Strukturen und Ideen der Mathematik dazu, dass sich mir die Welt besser erschließt. Dadurch, dass meine Wahrnehmung auch durch mathematische Begriffe strukturiert wird, erlebe ich die Welt neu, anders, klarer, strukturierter – vielleicht auch schöner.

Das ist schwer zu erklären; vielleicht verstehen es nur diejenigen, die es schon erlebt haben. Aber eigentlich ist es ganz einfach. Meine These ist:

Mathematik ist eine Weise, die Welt zu erfahren.

Viele glauben, Mathematik sei im Wesentlichen ein Glasperlenspiel, ein virtuoses Hantieren mit Formeln, ein komplexer Kalkül, der automatisch Formeln produziert.

Nein! Auf Italienisch würde ich dieser Ansicht entgegenhalten: „Prima la matematica, poi le formule!" Das bedeutet „das erste ist die Mathematik, Formeln kommen erst an zweiter Stelle".

Dieser Satz ist einem Ausspruch des revolutionären Opernkomponisten Claudio Monteverdi (1567-1643) nachgebildet, der postulierte „prima la musica, poi le parole" (die Musik ist das höchste, die Worte haben nur untergeordnete Bedeutung).

Der Vergleich mit der Musik ist erhellend: Es geht nicht um ein „Entweder – oder" (*entweder* Musik *oder* Worte, *entweder* Mathematik *oder* Formeln"), vielmehr gehen Musik und Wort, Mathematik und formale Sprache eine innige Verbindung ein.

Allerdings keine gleichberechtigte: In der Oper ist die Musik das Entscheidende. Wenn nur das Libretto (die „Worte") stimmt, und die Musik schlecht ist, gibt es eine Katastrophe. Umgekehrt kann ein schwaches Libretto durch eine inspirierte Musik gerettet werden.

Für die Mathematik heißt dies: Reines Formelspiel ohne dahinterstehende Mathematik ist leer und nichtig. Andererseits ist Mathematik ohne Formeln möglich, ja vielleicht geht die eigentliche Mathematik den Formeln sogar voraus:

Am Anfang war keine Formel.
Am Anfang war keine Gleichung.
Am Anfang war kein Beweis.

Durch den Umgang mit Mathematik werden wir befähigt, die Welt anders, neu zu sehen. Mit mathematischen Begriffen können wir nicht nur die Welt beschreiben (auch das ist schon viel!), sondern sie setzen uns oft erst in die Lage, die Strukturen der Welt zu erkennen. Wir werden durch mathematische Begriffe nicht in unserer Sicht der Welt beschränkt; vielmehr ermöglichen uns diese erst gewisse Sichtweisen und Erfahrungen.

Kurz: Mathematik öffnet uns die Augen für die Schönheit der Welt.

• Wenn wir uns den Symmetriebegriff bewusst machen, sehen wir in der Welt viel mehr symmetrische (und viel mehr asymmetrische) Objekte als vorher.

• Wenn wir Stetigkeit von Funktionen studieren, bemerken wir eine Fülle von stetigen (und unstetigen) Vorgängen in unserer Umwelt.

• Wenn wir erfahren haben, was eine Primzahl ist, sehen wir an vielen Stellen Primzahlen (und Nichtprimzahlen), zum Beispiel, wenn wir gleichförmige Gegenstände (etwa Spielsteine) anordnen.

• Wenn wir die einfachsten Eigenschaften von Wahrscheinlichkeiten wissen, erkennen wir, dass die Welt voller zufälliger Phänomene ist.

- Wenn wir auch nur ein bisschen davon verstanden haben, was Unendlichkeit bedeutet, entdecken wir laufend Phänomene, die uns an die Unendlichkeit erinnern.

Der Schriftsteller Martin Walser sagt an einer Stelle, an der er über das Lesen nachdenkt, treffend: „Es ist nicht die Fähigkeit, über alles Bescheid zu wissen oder gebildet zu sein. Es ist ein Vermögen, spürbar als Lebensgefühl, man wird sich deutlicher, eine Daseinssteigerung also."
Ist es nicht, als ob er an Mathematik gedacht hätte?
Walser schließt seinen Aufsatz bekenntnishaft: „Es ist ein Vermögen, das einen in Stand setzt, der Welt mit einer Gegenwelt standzuhalten. Es ist ein Vermögen, das jeder selbst geschaffen hat ... Alles, was uns von uns selbst abbringen will, was uns beherrschen, über uns Macht ausüben will, hat es schwerer, weil wir dieses Vermögen haben ... Aber sagen kann man das nur jemandem, der es schon weiß ..."

Literatur

M. Walser: *Aus dem Lebenslauf eines Lesers*. In: Nachmittag eines Schriftstellers. suhrkamp taschenbuch **2510**, 1995.

Der klassische Text, der die im Titel gestellte Frage beantwortet, ist:
R. Courant, H. Robbins: *Was ist Mathematik?* Springer-Verlag [5]2001.

In diesem Zusammenhang sind auch zu empfehlen:
P.J. Davis, R. Hersh: *Erfahrung Mathematik*. Birkhäuser [2]1996.
S. Lang: *Faszination Mathematik. Ein Wissenschaftler stellt sich der Öffentlichkeit*. Vieweg Verlag 1989.
P. Basieux: *Die Architektur der Mathematik*. Rowohlt [3]2000.

David und Goliath
oder
Was ist ein mathematischer „Satz"?

Der Beweis eines Satzes, also die Ableitung der Behauptung aus der Voraussetzung ist oft so komplex, dass – jedenfalls für den menschlichen Geist – die Schlussfolgerung einen echten Erkenntnisfortschritt darstellt. Ein „guter" Satz reduziert ein schwieriges Problem auf ein einfach zu lösendes. Und das, obwohl – formal betrachtet – jeder mathematische Satz „trivial" ist: In der Behauptung steckt nicht mehr drin als in der Voraussetzung.

Jeder mathematische Satz ist eine Wenn-dann-Aussage. Er hat eine Voraussetzung und eine Behauptung. Die Aufgabe des Beweises besteht darin, mit rein logischen Methoden die Behauptung aus der Voraussetzung zu folgern.

Das wissen wir seit den alten Griechen, die die Macht des Denkens entdeckten. Damals wurde klar, dass das Denken gewissen Grundregeln, nämlich den Gesetzen der Logik folgen muss. *Wenn* die Voraussetzungen eines logischen Schlusses gegeben sind, *dann* gilt automatisch auch die Folgerung. Die Griechen entdeckten die Logik und damit auch die Möglichkeit der Mathematik. (Wobei die formale Logik erst formuliert wurde, als es schon substantielle Mathematik gab.) Jedenfalls ist die Logik die Methode der Mathematik, seit sie Euklid etwa 300 v. Chr. in seinem Buch „Die Elemente" vorbildlich angewandt hat.

Einige Beispiele:

*   Der *Satz des Pythagoras* heißt nicht „$a^2 + b^2 = c^2$", sondern: Seien a, b, c die Seitenlängen eine Dreiecks mit a, b $\leq$ c. *Wenn* das Dreieck rechtwinklig ist, *dann* gilt $a^2 + b^2 = c^2$.

*   Der berühmte, jetzt endlich bewiesene „große Satz von Fermat", sagt: Seien n, x, y, z positive natürliche Zahlen mit n $\geq$ 2. *Wenn* $x^n + y^n = z^n$ gilt, *dann* ist n = 2.

Dieser Satz sagt nicht, dass $x^n + y^n = z^n$ gilt, oder dass $x^2 + y^2 = z^2$ gilt, sondern er sagt nur „wenn – dann".

Manchmal ist ein mathematischer Satz eine Genau-dann-wenn-Aussage. Dann besteht er eigentlich aus zwei Sätzen: *Wenn* A, *dann* B, und *wenn* B, *dann* A. Ein solcher Satz bedeutet nicht, dass A gilt oder dass B gilt, sondern er sagt nur: wenn A gilt, dann auch B und umgekehrt.

Wir machen uns das an einem interessanten Beispiel klar. Dabei geht es um die Frage der Teilbarkeit natürlicher Zahlen. Die einfachen Regeln kennt jeder:

- Eine Zahl ist genau dann durch 2 teilbar (d.h. gerade), wenn ihre letzte Stelle durch 2 teilbar (also gerade) ist.

- Eine Zahl ist genau dann durch 5 teilbar, wenn ihre letzte Stelle 0 oder 5 (also durch 5 teilbar) ist.

- Eine Zahl ist genau dann durch 3 (bzw. 9) teilbar, wenn ihre Quersumme durch 3 (bzw. 9) teilbar ist.

Regeln für die Teilbarkeit durch 7 sind schwer zu merken, aber es gibt eine erstaunlich einfache Regel für die Teilbarkeit einer Zahl durch 11. Um die Regel zu formulieren, brauchen wir den Begriff der „alternierenden Quersumme": Wenn man die „normale" Quersumme einer Zahl berechnet, *addiert* man ihre Ziffern; bei der *alternierenden Quersumme addiert* und *subtrahiert* man die Ziffern abwechselnd. Wenn wir zum Beispiel die alternierende Quersumme der Zahl 1066 ausrechnen wollen, so bilden wir $1 - 0 + 6 - 6 = 1$. Die alternierenden Quersumme von 1996 ist $1 - 9 + 9 - 6 = -5$. Die alternierende Quersumme ist viel kleiner als die Ausgangszahl, in der Regel ist sie sogar noch viel kleiner als die normale Quersumme.

Die Regel für die Teilbarkeit durch 11 lautet einfach so:

**Eine natürliche Zahl ist genau dann durch 11 teilbar,
wenn ihre alternierende Quersumme durch 11 teilbar ist.**

Wenn wir uns zum Beispiel fragen, ob die Zahl 123456789987654321 durch 11 teilbar ist, so müssen wir nicht diese Zahl durch 11 dividieren und schauen, ob die Rechnung aufgeht, sondern nur die alternierende Quersumme ausrechnen: $1 - 2 + 3 - 4 + 5 - 6 + 7 - 8 + 9 - 9 + 8 - 7 + 6 - 5 + 4 - 3 + 2 - 1 = 0$. Da 0 natürlich eine 11-er Zahl ist („0 durch 11" geht auf), ist die alternierende Quersumme durch 11 teilbar, also, nach dem Satz, auch die Zahl selbst.

Dieser Satz sagt weder, dass die alternierende Quersumme immer durch 11 teilbar ist, noch, dass jede natürliche Zahl durch 11 teilbar ist; er sagt nur: Das eine ist genau dann der Fall, wenn das andere gilt.

Man kann einen mathematischen Satz aus zwei Blickwinkeln sehen, wie sie gegensätzlicher kaum vorgestellt werden können. Beide haben aber ihre Bedeutung. Wir sprechen darüber mit einem Logiker, der die Grundlagen der Mathematik erforscht, und einem „normalen" Mathematiker, der sich kaum für diese Grundlagen interessiert.

In der Behauptung nichts Neues

Der Logiker erklärt uns stolz: „Mathematische Sätze sind nicht *irgendwelche* Wenn-dann-Ausagen."

„Sondern?"

„Ich sag's mal ganz banal: Ein mathematischer Satz schöpft seine Wahrheit nicht daraus, dass er lautstark verkündet wird, dass ein Experte oder viele Experten dieser Meinung sind, dass er durch empirische Untersuchungen gestützt wird. Nein: Ein mathematischer Satz gilt nur dann, wenn er logisch bewiesen wurde!"

„Das ist doch klar!"

„Ja, das ist so seit dem ersten Mathematikbuch, den Elementen des Euklid. Euklid hat das mustergültig gemacht. Er hat Voraussetzung und Behauptung unterschieden und festgelegt, dass die Behauptung (der „Dann-Teil") aus der Voraussetzung (dem „Wenn-Teil") nur durch logische Mittel hergeleitet werden darf."

„Und das soll etwas Besonderes sein?"

„Wir sind so sehr an diese Tatsache gewöhnt, dass wir gar nicht mehr merken, welcher Zündstoff darin steckt. Ich weise Sie auf eine äußerst wichtige Konsequenz hin. Im Gegensatz zu allen anderen Wissenschaften sind mathematische Sätze wirklich objektiv durch reines Denken überprüfbar. Im Prinzip kann *jeder* einen Beweis Schritt für Schritt nachvollziehen und feststellen, ob die Behauptung wirklich bewiesen wurde."

„Das heißt also, dass ein Beweis nicht eine besonders bösartige Schikane für Schüler und Studenten ist, sondern ..."

„.... im Gegenteil Emanzipation der Schüler und Studierenden aus ihrer Rolle. Diese sind in der Mathematik prinzipiell nicht abhängig von ihrem Lehrer oder Professor, jedenfalls in dem Sinn, dass sie alle mathematischen Aussagen des Lehrers selbst überprüfen können!"

„Ich hab da noch eine Frage. Was bedeutet 'logisch beweisen' oder 'logisch ableiten'?"

„Das heißt, dass man in jedem Schritt nur die einfachen Gesetze der Logik anwenden darf. Zum Beispiel: Aus $A \Rightarrow B$ und $B \Rightarrow C$ folgt $A \Rightarrow C$."

„Nach dem Motto 'Ich bin ein Mensch, alle Menschen sind sterblich, also bin auch ich sterblich'."

„Genau. Man 'holt' die Behauptung aus der Voraussetzung nur 'heraus', die Behauptung steckt in gewissem Sinne in der Voraussetzung bereits drin. In der Logik spricht man auch von einer *Tautologie*"

„Wenn ich mich an meine Griechischkenntnisse erinnere, heißt das, dass Voraussetzung und Behauptung das Gleiche sagen?"

„Genau. Ganz pointiert hat sich dazu Ludwig Wittgenstein (1889-1951), einer der einflussreichsten Philosophen des 20. Jahrhunderts, geäußert. Er sagt an einer Stelle 'Alle Sätze der Logik sagen das Gleiche, nämlich nichts'. Wir können diesen Satz – ganz im Sinne Wittgensteins – so formulieren: *Alle Sätze der Mathematik sagen das Gleiche, nämlich nichts.*"

„Und das glauben Sie?"

„Mit Glauben hat das nichts zu tun. Das ist die Konsequenz aus der Definition der Mathematik. Wenn Mathematik nur auf der Logik aufgebaut ist, so kann man einen mathematischen Satz geradezu so definieren: Tautologien werden von den Mathematikern *Sätze* genannt."

Aus Wenig mach Viel!

Der aktiv forschende und lehrende Mathematiker ist bei den letzten Ausführungen des Logikers zunehmend unruhiger geworden und hat immer heftiger mit dem Kopf geschüttelt. Er kann zwar die Argumente des Logikers nicht entkräften, seine Sicht eines Satzes ist aber eine ganz andere:

„Für mich ist ein Satz wirklich ein Erkenntnisfortschritt, die Behauptung 'steckt' nicht einfach in der Voraussetzung 'drin', sondern es bedarf harter Arbeit und oft großer Intuition, sie wirklich zu beweisen."

„Wie ist dann für Sie das Verhältnis von Voraussetzung und Behauptung?"

„Ich sag's mal extrem: Ein guter Satz ist ein Satz, in dem aus möglichst geringen Voraussetzungen eine möglichst große Behauptung geschlossen wird. Anders gesagt: Oft will man mit einem Satz ein großes, vielleicht sehr schwer lösbares Problem auf ein kleines, bequem lösbares Problem zurückführen."

„Können Sie mir das an einem Beispiel erläutern?"

„Die Mathematik ist voll von Beispielen dafür. Ich nenne zwei. Zunächst greife ich einen Satz auf, den wir schon vorher betrachtet haben: *Eine natürliche Zahl ist genau dann durch* 11 *teilbar, wenn ihre alternierende Quersumme durch* 11 *teilbar ist.* Vielleicht geht es Ihnen so wie vielen Nichtmathematikern: Wenn man die mathematische Sprache hört, schaltet man sofort ab und kann so das Aufregende gar nicht wahrnehmen."

„Aufregend? Mit diesem Begriff habe ich die Mathematik bislang nicht in Verbindung gebracht!"

„Aber so ein Satz ist wirklich aufregend. Ich erkläre Ihnen das nochmals: Stellen Sie sich eine riesige Zahl vor, etwa eine Zahl, die aufgeschrieben einmal um den Äquator passt. Sie wollen wissen, ob diese Zahl durch 11 teilbar ist. Wie können Sie das nachprüfen?"

„Ich müsste ..."

„Genau. Sie müssten die Zahl durch 11 teilen und schauen, ob die Division aufgeht. Kein Mensch würde das tun! Der Satz hilft Ihnen; er sagt nämlich, dass es viel einfacher geht: Sie müssen nur jede Stelle *einmal* anschauen, sozusagen die Zahl ziffernweise lesen und dabei die alternierende Quersumme bilden."

„Das heißt, abwechselnd Plus und Minus rechnen."

„Genau. So erhalten Sie die alternierende Quersumme der Zahl."

„Diese ist viel kleiner, und ..."

„... nur Mut!"

„ich kann relativ leicht entscheiden, ob diese durch 11 teilbar ist."

„Sehen Sie! Dann wissen Sie auch, ob die Originalzahl durch 11 teilbar ist."

„So habe ich das noch nie gesehen. Wirklich beeindruckend. Das ist ja so wie bei David und Goliath."

„Ein guter Vergleich. David hat nur geringe Kräfte und nur eine Chance. Aber wenn er die richtige Stelle trifft, hat er gewonnen."

„Das ist so spannend. Haben Sie noch ein Beispiel für mich."

„Wir könnten versuchen, ein Beispiel aus der Geometrie zu studieren ... Schon die alten Griechen haben sich damit beschäftigt, Körper zu beschreiben."

„Körper?"

„Ja, zum Beispiel den Würfel, das Tetraeder, das Oktaeder usw. Die Körper, die durch ebene Vielecke begrenzt werden, nennt man *Polyeder*."

„Zum Beispiel ist die Pyramide ein Polyeder."

„Ja, und die Kugel nicht. Es gibt unübersehbar viele Typen von Polyedern, und daher möchte man besonders wichtige Körper unter den Polyedern herausfinden."

„Das heißt?"

„Das heißt, man möchte sie durch möglichst wenige Eigenschaften beschreiben, oder, wie man sagt, charakterisieren."

„Könnten Sie mir das konkret erklären?"

„Ja, nehmen wir den Würfel. Man kann beweisen: *Wenn jede Seitenfläche eines Polyeders ein Quadrat ist, dann ist das Polyeder ein Würfel.*"

„Ist das auch ein David-Goliath-Satz?"

„Natürlich! Denn aus der Voraussetzung „jede Seitenfläche ist ein Quadrat" folgen mit diesem Satz alle Eigenschaften, die ein Würfel hat!"

„???"

„Dass das Polyeder genau 6 Seiten, genau 8 Ecken und genau 12 Kanten hat, dass alle Seiten Quadrate mit der gleichen Seitenlänge a sind, dass der Rauminhalt des Polyeders genau a^3 ist, dass die Oberfläche genau $6a^2$ ist, dass man den Raum lückenlos mit diesem Polyeder ausfüllen kann, dass es genau 24 Bewegungen des Raums gibt, die das Polyeder in sich überführen (Symmetrien des Würfels), dass ..."

„Gut, gut, gut. Ich glaube Ihnen ja! – Kann man eigentlich immer solche Sätze produzieren?"

„Was meinen Sie damit?"

„Ich könnte zum Beispiel sagen: *Wenn jede Seitenfläche eines Polyeders ein gleichseitiges Dreieck ist, dann ...*"

„Dann?"

„*Dann ist das Polyeder ... ein Tetraeder!*"

„Oder?"

„Was heißt 'oder'?"

„Es gibt auch noch andere Möglichkeiten."

„Für ein Polyeder, dessen Seitenflächen alle gleichseitige Dreiecke sind?"

„Ja, zum Beispiel ein Oktaeder oder ein Ikosaeder."

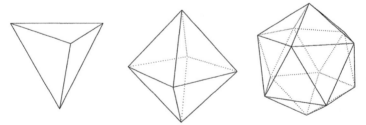

Platonische Körper, deren Seiten gleichseitige Dreiecke sind: Tetraeder (Vierflächner), Oktaeder (Achtflächner) und Ikosaeder (Zwanzigflächner)

„Also lautet der Satz: *Wenn jede Seite eines Polyeders ein gleichseitiges Dreieck ist, dann* ...“

„Halt, Tetraeder, Oktaeder und Ikosaeder sind die *regulären* Körper, bei denen jede Seite ein gleichseitiges Dreieck ist.“

„Regulär bedeutet?“

„Dass auch an jeder Ecke gleich viele Seiten zusammenkommen.“

„Und Sie deuten also an, dass es auch noch nichtreguläre Polyeder gibt, bei denen jede Seite ein gleichseitiges Dreieck ist.“

„Ja, solche Körper gibt es.“

„Aber ... aber dann haben wir ja gar keinen Satz!“

„Nicht verzweifeln! Den Mathematikern ist es tatsächlich gelungen, alle Körper zu bestimmen, deren Seiten gleichseitige Dreiecke sind. Es gibt genau acht solche Körper.“

„Echt?“

„Ja, außer den drei regulären Körpern (Tetraeder, Oktaeder, Ikosaeder) gibt es noch zwei Doppelpyramiden über einem dem regulären Dreieck bzw. Fünfeck und drei weitere Körper mit 12, 14 und 16 Seitenflächen.“

„Der Satz lautet also: ...“

„Jetzt dürfen Sie.“

„Wenn jede Seite eines Polyeders ein gleichseitiges Dreieck ist, dann ist das Polyeder eines aus einer Liste von acht Polyedern.“[1]

„Genau.“

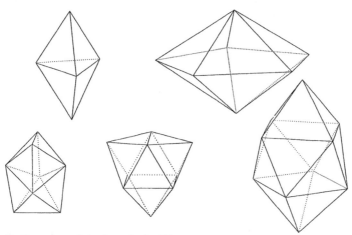

**Es gibt fünf konvexe nichtplatonische Körper,
deren Seiten reguläre Dreiecke sind**

---

[1] Die beiden Gesprächspartner setzen hier als selbstverständlich voraus, dass nur *konvexe* Polyeder, also solche ohne einspringende Ecken, in Betracht kommen.

„Hm. Ist das ein guter Satz?"

„Vielleicht erkennt man das nicht auf den ersten Blick, aber das ist tatsächlich ein guter Satz. Ein Indiz dafür ist, dass es gar nicht so einfach war, den Satz überhaupt zu formulieren."

„Kein besonders gutes Argument."

„Zugegeben. Das eigentliche Argument ist das folgende: Wenn man sich für solche Körper interessiert, braucht man nicht abstrakt mit diesen Eigenschaften zu argumentieren, sondern kann alles ganz konkret an den acht Körpern überprüfen."

So weit unsere Gespräche mit dem grundsätzlich denkenden Logiker und dem pragmatischen Mathematiker.

Wer hat Recht? Natürlich beide!

Wie bitte – beide?

Sie haben völlig Recht, hier einzuhaken. Und ich kann auch nicht mehr sagen als: Vom jeweiligen Standpunkt aus hat jeder recht.

Der Logiker hat insofern Recht, als dass jeder mathematische Satz tatsächlich auf elementare und objektiv nachvollziehbare Schlüsse zurückgeführt werden können muss. Jeder Satz ist in diesem Sinne eine Tautologie: Prinzipiell kann er durch eine (eventuell sehr häufige) Anwendung der elementaren logischen Regeln bewiesen werden.

Andererseits: Wenn man einen mathematischen Satz wirklich auf die unterste logische Ebene zurückführt, wird sein Beweis zu einem äußerst umfangreichen Unternehmen. Daher führt man in der Praxis die Aussage nicht auf völlig elementare Schlüsse zurück, sondern

• auf schon bewiesene Sätze, aus denen man

• mittels Schlüssen, von denen jeder einzelne mit entsprechender Anstrengung und entsprechenden Kenntnissen nachvollziehbar ist,

den Beweis zusammenfügt.

Dazu zwei Beispiele:

• Dass man auch normale Sätze beweisen kann, wenn man von Anfang anfängt und wirklich alles beweist, das haben Bertrand Russell und Alfred North Whitehead in ihrem monumentalen Werk *Principia Mathematica* darzustellen versucht. Aber: Der Satz „1+1 = 2" (den die meisten Mathematiker nie als wirklichen Satz anerkennen würden), wird in diesem Buch erst auf Seite 362 bewiesen.

- Einer der berühmtesten Sätze des 20. Jahrhunderts, die so genannte „Klassifikation der endlichen einfachen Gruppen", besteht aus etwa 10.000 Seiten. Aber nicht irgendwelche Seiten, die man einfach so lesen könnte, sondern Seiten, die man vielleicht als Doktorand in Gruppentheorie lesen kann, denn jede Seite ist äußerst konzentriert geschrieben und enthält in jeder Zeile harte Nüsse für den Leser. Unvorstellbar, wie viele Seiten ein solcher Beweis im Stil der elementaren Logik aufgeschrieben umfassen würde – und kein Mensch würde ihn dadurch besser verstehen!

Also: Der Logiker hat Recht. Der Beweis eines mathematischen Satzes muss so in kleine Schritte aufgeteilt und strukturiert werden, dass jeder einzelne objektiv nachvollziehbar ist.

Die Frage ist nur – und hier wendet sich unser Blick dem praktisch arbeitenden Mathematiker zu – *wie* man zu dieser Organisation eines Beweises kommt. Hierzu braucht man Ideen, Einfälle, Gefühl für die Sache, manchmal auch einen Schuss Genialität.

Beim Beweis eines ernstzunehmenden mathematischen Satzes, ja selbst bei den meisten Übungsaufgaben zu einer Mathematikvorlesung, wäre man hoffnungslos verloren, wenn man anfangen würde, auf die Voraussetzungen blind die Regeln der Logik anzuwenden.

Ich vergleiche dies mit einem alltäglichen Vorgang. Wenn ich, von Heißhunger getrieben, in die Bäckerei um die Ecke gehe, um mir ein klebriges Stückchen zu kaufen, weil es mal wieder nicht zum Mittagessen gereicht hat, dann werde ich in diesem Moment weder die Entwicklung der Weltgetreideproduktion oder die chemischen Grundlagen der Konservierungsstoffe studieren, ich werde auch nicht kontrollieren, ob bei der Herstellung der Backwaren in jedem Schritt hygienisch einwandfrei gearbeitet wurde, und ich werde auch nicht die ökonomische Struktur der Bäckereikette im Einzelnen überprüfen – sondern ich schaue mir einfach die Auslagen an und entscheide mich spontan.

Klar: Es gibt Menschen, die sich um die genannten Grundlagen kümmern. Es gibt sogar solche, die sich damit beschäftigen müssen. In gewissen Situationen werde auch ich Kenntnisse über diese Grundlagen benötigen. Aber: Wenn ich bei jedem Einkauf so anfangen würde, würde ich verhungern.

Ganz ähnlich ist es beim Beweis eines mathematischen Satzes: Wenn man alle Argumente so in kleinste Schritte zerlegen würde, dass man diese mit einer Wahrheitstafel begründen kann, so würde man nicht von der Stelle kommen. Anders gesagt: Die meisten Beweise sind so komplex, dass man schon wissen muss, wo's lang geht, wenn man ankommen will.

Viele Mathematiker arbeiten so, dass sie bei einem neuen Beweis zunächst nur die großen Linien sehen, und dann später die Argumentation immer weiter verfeinern. Nach einiger Zeit haben sie so viel Erfahrung, dass sie wissen, auf welcher Ebene sie argumentieren müssen, damit später jedenfalls sie selbst wieder verstehen, worum es geht.

Das ist natürlich kein Freibrief für unexaktes Arbeiten! An jedem Schritt eines Beweises muss man auf die Frage „Warum ist dies so?" antworten können. Das heißt, dass man stets noch eine Ebene tiefer argumentieren können muss.

Zu guter Letzt gibt es also doch eine gewisse Versöhnung der Standpunkte:

Zwar bringt man nur wenig zustande, wenn man global auf tiefster logischer Ebene arbeitet, aber lokal muss man immer auf die allerexakteste Ebene hinunter stoßen können.

Literatur

Die Körper, bei denen alle Seiten reguläre Dreiecke sind, werden in den folgenden Arbeiten beschrieben:

O. Rausenberger: *Konvexe pseudoreguläre Polyeder.* ZMNU **46** (1915), 135–142.

H. Freudenthal und B.L. van der Waerden: *Over een bewering van Euclides.* Simon Stevin wis. natuurk. Tijdschr. **25** (1947), 115-121.

V.E. Galafassi: *I poliedri convessi con facce regolari eguali.* Archimede **12** (1960), 169-177.

„Nun, oh Unendlichkeit, bist du ganz mein!"

Ist es grundsätzlich möglich, präzise und objektiv überprüfbar von der Unendlichkeit zu reden? Ja, die Mathematik hat Methoden entwickelt, mit denen man jedenfalls einen Teil der Unendlichkeit erfassen, beschreiben und analysieren kann. Diese Fähigkeit zeichnet die Mathematik vor allen anderen Wissenschaften aus.

Der Ausruf in der Überschrift stammt von Prinz Friedrich von Homburg aus Kleists Schauspiel.[2] Diesen Satz würden die Mathematiker gerne nachsprechen, aber natürlich beherrscht die Mathematik – wie jede Wissenschaft – die Unendlichkeit nicht ganz.

Ein bisschen allerdings schon. Genauer gesagt: Die Mathematiker haben Techniken entwickelt, mit denen sie, immerhin, einen kleinen Teil des Unendlichen erfassen können. Und diesen Teil können Mathematiker mit ihren Methoden beschreiben, sie können über diesen Bereich des Unendlichen Sätze aufstellen, die rein logisch und damit prinzipiell für jeden nachprüfbar bewiesen werden können.

Das bedeutet: Mathematiker können über unendliche Bereiche Aussagen machen, die objektiv verifizierbar sind!

Warum muss die Mathematik über das Unendliche reden? Wäre es nicht vernünftiger, dies anderen Wissenschaften, etwa der Philosophie und der Theologie überlassen, die für „das Unendliche" eine ganz andere Sensibilität haben?

Die Antwort darauf ist, dass sich in der Mathematik die Frage nach Aussagen über unendliche Gegenstandsbereiche ganz automatisch stellt. In der Mathematik geht es nämlich nicht nur um Aussagen der Art

---

2   Fast: Der Prinz spricht in dieser entscheidenden Szene von „Unsterblichkeit".

- *Ein Fußball ist aus zwölf Fünfecken und zwanzig Sechsecken zusammengesetzt.*

- *Wenn man in das Polynom* $x^2 + x + 41$ *die Zahlen* 0, 1, 2, ..., 39 *einsetzt, ergibt sich jedes Mal eine Primzahl.*

- $2^{43112609} - 1$ **ist eine Primzahl.**

Solche Aussagen können offensichtlich so überprüft werden, dass man irgendwann einmal damit fertig ist. Die Mathematiker sagen dazu, dass diese Aussagen „in endlicher Zeit" verifiziert werden können. Das bedeutet nicht, dass diese Zeit kurz ist. Zum Beispiel kann kein Mensch in seinem Leben die dritte obige Aussage überprüfen, wenn er naiv ausprobiert, ob die angegebene Zahl noch andere Teiler als 1 und sich selbst hat.

Im Wesentlichen geht es in der Mathematik aber um einen anderen Typ von Aussagen. Betrachten wir dazu einige Beispiele:

- *Für alle reellen Zahlen* a *und* b *gilt* $(a + b)^2 = a^2 + 2ab + b^2$.

- *Jedes Dreieck hat die Winkelsumme* 180°.

- *Es gibt unendlich viele Primzahlen.*

- *Jede ungerade Quadratzahl lässt bei Division durch* 8 *den Rest* 1.

Dies sind Aussagen über unendlich viele Gegenstände: *Alle* reellen Zahlen a und b, *alle* Dreiecke, *alle* Primzahlen, *alle* ungeraden Quadratzahlen.

Solche Aussagen können prinzipiell nicht dadurch bewiesen werden, dass man sie Fall für Fall nachprüft.

Betrachten wir das Beispiel der ungeraden Quadratzahlen. Wir könnten sie auflisten, etwa so:

$$1\ (=1^2),\quad 9\ (=3^2),\quad 25\ (=5^2),\quad 49\ (=7^2),\quad 81\ (=9^2),\quad \dots$$

Wir könnten dann für jede dieser Zahlen nachprüfen, ob sie bei Division durch 8 den Rest 1 ergibt; das sähe etwa so aus:

1	geteilt durch 8 ist	0,	Rest	1,
9	geteilt durch 8 ist	1,	Rest	1,
25	geteilt durch 8 ist	3,	Rest	1,
49	geteilt durch 8 ist	6,	Rest	1,
81	geteilt durch 8 ist	10,	Rest	1,
...				

In jedem Fall ergibt sich als Rest die Zahl 1. Also stimmen alle berechneten Proben. Aber mit dieser Methode kommen wir nie zum Ziel. Auch wenn wir die

Liste noch so weit durchgehen – was danach kommt, bleibt uns verborgen. Durch das systematische Abarbeiten wird nicht ausgeschlossen, dass es „ganz weit draußen" eine ungerade Quadratzahl geben könnte, die bei Division durch 8 nicht den Rest 1 ergibt.

Müssen wir die Waffen strecken? Müssen wir uns damit bescheiden, dass wir Menschen eben endliche Wesen sind, denen die Unendlichkeit prinzipiell unzugänglich ist?

Nein! Im Gegenteil: Die Mathematik ist die einzige Wissenschaft, in der man objektiv überprüfbar über Unendlichkeit reden kann.[3]

Wie soll das gehen? Gibt es in der Mathematik spezielle Erkenntnismethoden, über die die anderen Wissenschaften nicht verfügen? In gewissem Sinne ist das richtig. Denn die Mathematik hat Methoden entwickelt, mit denen sie unendlich viele Einzelprobleme *auf einen Schlag* erledigen kann. Also nicht nur wie das tapfere Schneiderlein *sieben* auf einen Streich, sondern *unendlich viele auf einen Streich!*

Wie kann man in der Mathematik unendlich viele Objekte oder unendlich viele Aussagen auf einen Schlag behandeln?

Ich stelle Ihnen zwei Methoden dafür vor.

Beschreibung mit Variablen

Eine Variable ist ein Symbol, mit der ein beliebiges Objekt einer Menge bezeichnet wird. Alles, was man über solch ein „beliebiges" Objekt beweist, hat man für alle Objekte bewiesen. Das Wort „beliebig" bedeutet dabei, dass zum Beweis nur Eigenschaften verwendet werden dürfen, die alle Elemente der betrachteten Menge haben.

Wir betrachten dazu zwei *Beispiele*. Das erste stammt aus der *Geometrie*. Wenn wir nachweisen wollen, dass die Winkelsumme in jedem Dreieck gleich 180° ist, so lautet der Beweis meist so:

Sei △ ABC *ein beliebiges Dreieck. Dann ... (bla bla bla) ... hat* △ ABC *die Winkelsumme* 180°.

Ein ausführlicher Beweis findet sich im Kasten.

---

3 Damit sei nichts gegen Philosophie und Theologie gesagt!

Behauptung: *Jedes Dreieck hat eine Winkelsumme von* 180°.

Beweis: Sei ΔABC ein beliebiges Dreieck.

Wir ziehen die Parallele zu AB durch den Punkt C und betrachten die entstehenden Winkel:

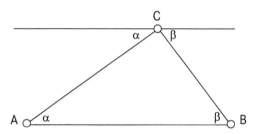

Dann ist der Winkel α bei C gleich groß wie der Dreieckswinkel bei A; denn die beiden Winkel sind Wechselwinkel. Ebenso ist der Winkel β bei C gleich groß wie der Dreieckswinkel bei B.

Da sich die Winkel α, β und der Dreieckswinkel bei C zu 180° ergänzen, ist auch die Winkelsumme des Dreiecks ΔABC gleich 180°.

Haben wir die Aussage damit wirklich *für alle* Dreiecke bewiesen?

Ja, denn wir haben nicht ein bestimmtes Dreieck herausgegriffen, etwa das Dreieck mit den Ecken (0, 0), (5, 3) und (7, -4), sondern wir haben ein allgemeines Dreieck symbolisch bezeichnet und die Aussage dafür gezeigt.

Nun könnten Sie sagen: Das war ja einfach! Wir haben zwar eine unendliche Menge, aber eigentlich haben wir nur ein Element dieser Menge (in symbolischer Form) betrachtet!

Sie haben Recht! Das ist nämlich genau der Trick! Wir betrachten zwar ein Dreieck, aber beim Beweis benutzen wir nur Eigenschaften, die *alle* Dreiecke haben. Zum Beispiel dürfen wir nicht verwenden, dass das Dreieck rechtwinklig ist, auch wenn unser „beliebiges" Dreieck zufällig so gezeichnet ist, dass es rechtwinklig aussieht.

Das zweite Beispiel stammt aus der *Zahlentheorie.* Es geht um die oben diskutierte Aussage, dass *jede ungerade Quadratzahl bei Division durch* 8 *den Rest* 1 ergibt. Wie können wir diese Aussage „allgemein" beweisen? Die Vorschrift sagt, dass wir eine *beliebige* ungerade Quadratzahl wählen und für diese die Aussage nachweisen müssen.

Was ist eine „beliebige" ungerade Quadratzahl? Bestimmt sind 25 und 121 keine beliebigen ungeraden Quadratzahlen, sondern Quadratzahlen mit speziellen Zusatzeigenschaften. Beispielsweise haben sie nur zwei bzw. drei Ziffern im Dezimalsystem, sie sind Quadrate von Primzahlen – beides Eigenschaften, die eine beliebige ungerade Quadratzahl nicht hat. Daher müssen wir zunächst eine allgemeine ungerade Quadratzahl finden. Das geht so:

Wie sieht eine beliebige ungerade Zahl aus? Ganz einfach, sie hat die Form $2n + 1$. Warum? Na, eine gerade Zahl $(2n)$ plus Eins.

Gut, und eine allgemeine ungerade Quadratzahl? Dies ist nichts anderes als eine allgemeine ungerade Zahl ins Quadrat, also $(2n + 1)^2$.

Damit haben wir das Ausgangsmaterial bereitgestellt. Nun müssen wir die Aussage beweisen. Das bedeutet, diese Zahl durch 8 zu teilen und zu überprüfen, ob sich als Rest die Zahl 1 ergibt. Das ist technisch und für unsere Überlegungen nicht entscheidend. Einen Beweis finden Sie im Kasten.

In der Mathematik können wir objektiv verifizierbare Aussagen über unendliche Gegenstandsbereiche machen. Dies geschieht dadurch, dass wir unendlich viele Gegenstände auf einen Streich behandeln. Das wesentliche Mittel dazu sind Variablen, also Symbole wie x, n, a, b, ..., die für ein beliebiges Objekt des Gegenstandsbereichs stehen können.

Behauptung: *Jede ungerade Quadratzahl ergibt bei Division durch 8 den Rest 1.*

Beweis: Sei $(2n + 1)^2$ eine beliebige ungerade Quadratzahl. Dann gilt:

$$(2n + 1)^2 =$$
$$= 4n^2 + 4n + 1 \quad \text{(erste binomische Formel)}$$
$$= 4 \cdot n(n + 1) + 1 \quad \text{(Zusammenfassen)}.$$

Die Zahl $4 \cdot n(n + 1)$ ist bestimmt durch 4 teilbar. Sie ist aber sogar durch 8 teilbar, denn von den Faktoren n und $n + 1$ ist mindestens einer gerade; also ist die Zahl $n(n + 1)$ in jedem Fall gerade. Damit ist $4 \cdot n(n + 1)$ also das Vierfache einer geraden Zahl und daher durch 8 teilbar.

Wenn wir die Zahl $(2n + 1)^2$ durch 8 teilen, können wir auch die Zahl $4 \cdot n(n + 1) + 1$ durch 8 teilen. Dabei geht die 8 im ersten Summand ohne Rest auf, als Rest der gesamten Zahl ergibt sich also 1.

Die drei Pünktchen

Wenn wir die Summe der ersten 100 natürlichen Zahlen bestimmen wollen, können wir die Summe s wie folgt bezeichnen:

$$s = 1 + 2 + 3 + \ldots + 100.$$

Daran ist nichts Schlimmes. Die drei Pünktchen deuten an, dass es „so weitergeht" und daher muss der Leser wissen, *wie* es weitergeht. Das kann man andeuten, indem man genügend viele Anfangsterme aufschreibt. Zum Beispiel ist

$$1 + 4 + 9 + 16 + \ldots + 144$$

die Summe der ersten zwölf Quadratzahlen.

Bisher haben wir nur endliche Summen beschrieben; aber man kann ohne jede Schwierigkeit auch unendliche Summen oder unendliche Folgen durch die drei Pünktchen darstellen. So ist zum Beispiel

$$1 + \frac{1}{2} + \frac{1}{3} + \frac{1}{4} + \frac{1}{5} + \ldots$$

die Summe aller Stammbrüche und

$$2, 3, 5, 7, 11, 13, 17, 19, 23, \ldots$$

die Folge der Primzahlen.

Eine andere Möglichkeit ist die, das Bildungsgesetz der Folge durch Angabe des „allgemeinen Terms" zu beschreiben. Dann schreibt man für die Summe der ersten n Quadratzahlen

$$1 + 4 + 9 + 16 + \ldots + n^2,$$

und

$$1 + 8 + 27 + \ldots + n^3$$

für die Summe der ersten n Kubikzahlen (das heißt dritte Potenzen).

In diesen Ausdrücken ist n eine Variable, die alle natürlichen Zahlen durchläuft; also haben wir damit nicht nur eine (endliche) Summe notiert, sondern eine unendliche Menge von endlichen Summen.

Mit solchen Ausdrücken, in denen drei Punkte vorkommen, kann man auch mathematisch arbeiten, das heißt Sätze formulieren und beweisen.

Zum Beispiel kann man den Satz, den Carl Friedrich Gauß (1777-1855), einer der größten Mathematiker aller Zeiten, schon als Schüler der Grundschule gefunden hat, mit Hilfe der drei Pünktchen formulieren. Der Satz, den Gauß gefunden und bewiesen hat, lautet so:

Für jede natürliche Zahl n *gilt*

$$1 + 2 + 3 + \ldots + n = \frac{n(n+1)}{2}.$$

Auch der Beweis ist mit den drei Pünktchen sehr übersichtlich zu führen (siehe Kasten).

Beweis des Satzes von Gauß

Sei $s := 1 + 2 + 3 + \ldots + n$. Wir müssen beweisen, dass

$$s = \frac{n(n+1)}{2}$$

gilt. Das ist aber gleichwertig zu $2s = n(n+1)$. Also genügt es, diese Gleichung nachzuweisen.

Dazu schreiben wir die Summe s zweimal auf: zuerst in aufsteigender und dann in absteigender Reihenfolge und addieren dann die übereinander stehenden Ausdrücke:

$$
\begin{aligned}
2 \cdot s &= 1 &+ 2 &+ \ldots + n{-}1 &+ n \\
&+ n &+ n-1 &+ \ldots + 2 &+ 1 \\
&= n+1 &+ n+1 &+ \ldots + n+1 &+ n+1 \\
&= n \cdot (n+1).
\end{aligned}
$$

Also ist

$$s = \frac{n(n+1)}{2}.$$

Auf dem ehemaligen deutschen Zehnmarkschein ist Carl Friedrich Gauß zu sehen. Neben ihm erkennt man die „Gaußsche Glockenkurve" und im Hintergrund die Stadt Göttingen

Existenz des Unendlichen?

Ein Kritiker der Mathematik könnte gegen all diese Überlegungen über das Unendliche vielleicht einwenden: „Schön und gut, ihr Mathematiker mögt über das Unendliche spekulieren, phantasieren und räsonieren so lange und viel ihr wollt (und so lange ihr mich damit in Ruhe lasst) – aber den *Nachweis, dass es eure Unendlichkeit wirklich gibt,* müsst ihr mir ebenso schuldig bleiben wie die Philosophen und Theologen!"

Ganz so ist das nicht. Die Mathematik kann sehr wohl beweisen, dass es unendlich viele Objekte einer gewissen Kategorie gibt. Das berühmteste Beispiel hierfür ist der Satz, dass es unendlich viele Primzahlen gibt.

Primzahlen sind natürliche Zahlen, die größer als 1 sind und nur durch 1 und sich selbst ohne Rest teilbar sind. Die Bedeutung der Primzahlen besteht darin, dass sie die Grundbausteine zum Aufbau der Zahlen sind: *Jede natürliche Zahl kann eindeutig als Produkt von Primzahlen geschrieben werden.* Zum Beispiel gilt

$$1001 = 7 \cdot 11 \cdot 13,$$
$$2000 = 2 \cdot 2 \cdot 2 \cdot 2 \cdot 5 \cdot 5 \cdot 5 \quad \text{oder} \quad 2000 = 2^4 \cdot 5^3,$$

wie die Mathematiker kurz schreiben.

Die Primzahlen spielen beim Aufbau der natürlichen Zahlen eine ähnliche Rolle wie die chemischen Elemente beim Aufbau der Verbindungen. Zu jedem Stoff gibt es eindeutig bestimmte Elemente, aus denen der Stoff zusammengesetzt ist: Wasser ist aus Wasserstoff und Sauerstoff zusammengesetzt und aus nichts anderem; man erhält eine vollkommen andere Verbindung, wenn man Natrium und Chlor zusammenfügt. Dies entspricht bei natürlichen Zahlen der Tatsache, dass die Primteiler einer natürlichen Zahl eindeutig bestimmt sind.

Aber auch die Anteile der Elemente einer Verbindung sind eindeutig festgelegt und nicht variabel: Wasser (H_2O) ist aus zwei Teilen Wasserstoff und einem Teil Sauerstoff zusammengesetzt, und nicht anders. Nicht auch mal fünf Teile Wasserstoff und drei Teile Sauerstoff. Nie. Immer zwei Teile Wasserstoff und ein Teil Sauerstoff. Dies entspricht bei natürlichen Zahlen der Tatsache, dass die Anzahl, wie oft eine Primzahl in einer natürlichen Zahl vorkommt, eindeutig bestimmt ist.

Aber in einem Punkt unterscheiden sich Chemie und Mathematik. Es gibt nur eine beschränkte Anzahl von chemischen Elementen (derzeit 118), aber es gibt unendlich viele Primzahlen! Die Mathematiker haben also einen unerschöpflichen Vorrat an Elementarbausteinen zum Aufbau der natürlichen Zahlen zur Verfügung.

Einer der ersten wirklich bedeutenden Sätze der Mathematik ist der Satz von Euklid (ca. 300 v. Chr.) über die Unendlichkeit der Primzahlen.

Satz (Euklid). *Es gibt unendlich viele Primzahlen.*
Mit anderen Worten: Die Folge der Primzahlen bricht nie ab!
Nochmals anders gesagt: Es gibt keine größte Primzahl! Zu jeder vorgegebenen Grenze gibt es immer noch eine Primzahl, die jenseits dieser Grenze liegt!

Beweis. Dieser Beweis ist raffiniert und ein außerordentlich wichtiges Stück Mathematikkultur.

Euklid geht so vor: Zu jeder *endlichen* Menge von Primzahlen konstruiert er eine weitere Primzahl, die in dieser Menge nicht enthalten ist. Also kann keine endliche Menge alle Primzahlen enthalten. Daher gibt es unendlich viele.

Dies soll hier zunächst genügen; ein ausführlicher Beweis des Satzes findet sich im Kasten.

Beweis des Satzes von Euklid über die Unendlichkeit der Primzahlen

Wir stellen uns eine Menge von t Primzahlen vor, zum Beispiel die ersten t Primzahlen: p_1 (= 2), p_2 (= 3), p_3, ..., p_t. Die Behauptung ist, dass es eine „neue" Primzahl p gibt, die verschieden von diesen t Primzahlen p_1, p_2, p_3, ..., p_t ist.

Dazu brauchen wir eine Idee. Diese besteht darin, die Zahl

$$n = p_1 \cdot p_2 \cdot ... \cdot p_t + 1$$

zu betrachten. Die Zahl n ist also das Produkt aller Primzahlen unserer Menge plus Eins.

Die Zahl n muss, wie jede natürliche Zahl, von einer Primzahl p geteilt werden. Behauptung: Diese Primzahl p ist verschieden von p_1, p_2, p_3, ..., p_t.

Angenommen, p wäre gleich einer Primzahl p_i in unserer Menge. Wegen $p = p_i$ gilt dann:

$$p_i \text{ teilt } n = p_1 \cdot p_2 \cdot ... \cdot p_t + 1.$$

Ferner wissen wir, dass p_i auch das Produkt $p_1 \cdot p_2 \cdot ... \cdot p_t$ teilt, denn p_i ist ja als Faktor in diesem Produkt enthalten. Das heißt:

p_i teilt $p_1 \cdot p_2 \cdot \ldots \cdot p_t$.

Nun kommt noch ein kleiner technischer Trick: Wenn p_i zwei Zahlen teilt, teilt p_i auch die Differenz dieser beiden Zahlen. Also gilt

$$p_i \text{ teilt } p_1 \cdot p_2 \cdot \ldots \cdot p_t + 1 - (p_1 \cdot p_2 \cdot \ldots \cdot p_t).$$

Da die Differenz auf der rechten Seite aber 1 ist, teilt p_i auch die Zahl 1.
Ist das möglich? Nein! Das ist ein Widerspruch!
Dieser Widerspruch zeigt, dass unsere Annahme falsch war.
Also ist $p = p_i$ tatsächlich eine „neue" Primzahl.

Eines ist allerdings klar: Um zu beweisen, dass es unendlich viele Primzahlen gibt, muss man schon viele Eigenschaften der natürlichen Zahlen kennen. Insbesondere muss man wissen, dass es unendlich viele natürliche Zahlen gibt. Dies kann man nicht beweisen, sondern muss es axiomatisch fordern. Auch die Mathematiker sind nicht in der Lage, aus Nichts eine Unendlichkeit zu schaffen. Aber wenn man einen Mathematiker fragen würde, woran er ganz fest glaubt, ohne es jemals beweisen zu können, so würde er vermutlich sagen: „Ich glaube an die drei Pünktchen. Mit anderen Worten, an die Unendlichkeit der natürlichen Zahlen."

In jedem Fall ist die Erkenntnis, dass es unendlich viele Primzahlen gibt, großartig und eine der bedeutendsten Kulturleistungen.

Literatur

Es ist klar, dass dies nur ein erster Eindruck von den Geheimnissen und Wundern des Unendlichen sein konnte. Wer hier tiefer gründen möchte, sei auf Darstellungen der Mengenlehre verwiesen, etwa auf:

U. Friedrichsdorf, A. Prestel: *Mengenlehre für den Mathematiker.* Vieweg Verlag, Braunschweig, Wiesbaden 1985.
P.R. Halmos: *Naive Mengenlehre.* Vandenhoeck&Ruprecht, Göttingen [5]1994.
E. Kamke: *Mengenlehre.* Walter de Gruyter, Berlin, New York 1971.

„Im Unendlichen gibt's genügend Raum und Geld"

Im Unendlichen kann man erstaunlich viel machen, denn man hat dort viel Bewegungsfreiheit. Der folgende Beitrag, der für einen von Studierenden organisierten Protest gegen Mittelkürzungen an den Universitäten entstanden ist, zeigt, dass die Lage unglaublich viel besser wäre, wenn es unendlich viele Studierende und Professoren gäbe.

Mitwirkende: Der *Teufel* und der *Rabe* (Kasperlefiguren)

Teufel: Hallo, was machen denn die vielen Leute da?
Rabe: Das sind Studenten.
Teufel: ... und Studentinnen?
Rabe: Ja, Studenten und Studentinnen.
Teufel: Ich hab gefragt, was die machen.
Rabe: Dumme Frage, Studenten wollen studieren.
Teufel: Und warum tun sie das nicht?
Rabe: Sag mal, liest du keine Zeitung? Schaust du kein Fernsehen? Die Hörsäle sind voll, in die Seminare kommt keiner rein.
Teufel: Das hier sind also diejenigen Studenten, die eigentlich studieren wollen, aber nicht können.
Rabe: Du hast's erfasst.

Teufel: Und ... warum tun die eigentlich nichts dagegen?
Rabe: Wieso, die tun doch was. Du siehst doch, sie protestieren!
Teufel: Ja, aber ich meine etwas, was wirklich etwas ändert.
Rabe: Verstehe ich nicht.
Teufel: Na, na, na! Die Studenten und Studentinnen protestieren, und wenn sie viel Glück haben, dann wird es nicht ganz so schlimm, wie sie befürchten. Das krähen sogar die Raben vom Dach.
Rabe: Ja, das ist doch das Beste, was man heute noch hoffen kann.

Teufel: Na hör mal, du bist doch Mathematiker, kannst du nicht was aus die-
nem Hut zaubern?

Rabe: Wie meinst du das?

Teufel: Ist doch klar, ihr Mathematiker macht doch dauernd mathematische
Sätze. Voraussetzung, bisschen Umrühren, Folgerung. Zum Beispiel:
Voraussetzung: Zu viele Studenten. Beweis: Bisschen mathematisches
Simsalabim, Folgerung: Es gibt genügend Platz. Das wär's doch!

Rabe: Mal ganz im Vertrauen gefragt: Spinnst du?

Teufel: Nee, ich sag Dir noch 'ne Möglichkeit: Voraussetzung: Für jeden bleibt
zu wenig Geld, Beweis. Dreimal umrühren, Folgerung: Jeder hat ausreichend Geld!

Rabe: Hat der Fieber, oder will mich der auf den Arm nehmen?

Teufel: Da wär die Mathematik doch wirklich mal nützlich!

Rabe: Also, hier muss ich dir mal ganz klar sagen: Mathematik ist eine seriöse
Wissenschaft, wir stehen auf rationalem Boden und verlieren uns nicht
in luftigen Spekulationen.

Teufel: Na, ich weiß nicht. Ihr macht doch viel mit *Unendlich* rum. Da seid ihr
genau so windig wie die Philosophen und hmhm die Theologen und
braucht nicht die Nase zu rümpfen!

Rabe: Hey, hey, das bringt mich auf einen Gedanken ... unendlich? Der Kerl ist
gar nicht so blöd wie er tut.

Teufel: Danke für die Blumen!

Rabe: Ich glaube, das ..., also mit dem Unendlichen könnte es gehen.

Teufel: Dann mach mal. Ich hab dir die Sätze gegeben, du brauchst nur noch
den Beweis zu machen. Auf, an die Arbeit!

Rabe: „Nur noch den Beweis!" Hat der Kerl eine Ahnung. Das ist das Schwerste, was es überhaupt gibt. Für manche Beweise brauchen die größten
Mathematiker Jahrhunderte, und viele Sätze sind auch heute noch nicht
bewiesen.

Teufel: Halt, halt. Für Selbstbeweihräucherung ist später genügend Zeit. Jetzt
sollst du mit deinen mathematischen Methoden Raum und Geld zaubern. Los geht's!

Rabe: O.k. Wie viele Studenten gibt's?

Teufel: Zu viele.

Rabe: Etwas genauer hätt ich's schon gern.

Teufel: In einem Seminar 50, in einer Vorlesung 200, in der ganzen Universität
20.000, und in ganz Deutschland etwa eine Million.

Rabe: Und die haben keinen Platz.

Teufel: Ja, das sagtest du doch.

Rabe: Jetzt muss ich dir was gestehen: Für diese Probleme hab ich auch keine Lösung. Auch die Mathematik kann nicht aus einem Raum, in den nur 20 passen, einen Raum für 50 zusätzliche Leute machen, ...

Teufel: Was nützt dann deine ganze Wissenschaft?

Rabe: Ich kann aber etwas viel Besseres.

Teufel: Was soll denn das sein?

Rabe: Wir müssen dazu annehmen, dass es nicht nur 50, nicht nur 200, nicht nur 20.000 und nicht nur 1 Million Studierende gibt, sondern dass es unendliche viele Studenten gibt.

Teufel: Und Studentinnen?

Rabe: Auch unendlich viele Studentinnen.

Teufel: Unendlich viele? Es ist doch aber noch viel schwieriger, unendlich viele Studierende unterzubringen.

Rabe: Ja, aber wenn wir das einmal geschafft hätten, dann gäbe es keine Probleme mehr.

Teufel: Was soll das heißen?

Rabe: Wenn in einem Hörsaal unendlich viele Studierende sitzen, dann passt bequem auch noch einer mehr rein.

Teufel: Nur einer? Ist das nicht 'n bisschen wenig?

Rabe: Du hast nichts kapiert. Wenn einer mehr reinpasst, dann passen auch noch zwei mehr rein oder 20 oder 200 oder 20.000.

Teufel: Oder 2 Millionen?

Rabe: Klar.

Teufel: Aber ohne faulen Trick: kein Gedränge, nicht zu zweit auf einem Stuhl oder so was.

Rabe: Nein, keine Tricks. Wenn schon unendlich viele drin sind, dann passen bequem noch jede beliebige Anzahl rein.

Teufel: Gut, ich hab kapiert, was du meinst. Aber wie soll das gehen?

Rabe: Ich will dir das erklären.

Teufel: Echt?

Rabe: Unterbrich mich nicht!

Teufel: Ich höre.

Rabe: Zunächst müssen die unendlich vielen Studierenden im Hörsaal Platz nehmen.

Teufel: In einem ... unendlich großen Hörsaal.

Rabe: Klar, anders geht's nicht.

Teufel: Unendlich viele Studierende in einem Hörsaal mit unendlich vielen Plätzen.

Rabe: Und zwar so, dass auf jedem Platz einer sitzt.

Teufel: Nochmals bitte, damit ich das in meinem unmathematischen Kopf geregelt kriege: Unendlich viele Studentinnen und Studenten in einem Hörsaal mit unendlich vielen Plätzen, und jeder Platz ist besetzt.

Rabe: Genau.

Teufel: Hä, und was ist, wenn jetzt noch einer kommt? Hähähä, reingelegt! In einer Vorlesung kommen nämlich immer ein paar zu spät!

Rabe: Ja, aber ...

Teufel: (kichert immer noch) Unendlich viele Studenten, aber alles voll. Da kommt noch einer und findet keinen Platz mehr!

Rabe: Jetzt krieg dich wieder, denn auch der wird noch einen Platz bekommen!

Teufel: Wie? Voller Hörsaal und einer kommt noch. Wie soll denn der einen Platz bekommen?

Rabe: Das machen wir ganz einfach. Der Professor bittet den Studenten auf dem ersten Platz aufzustehen, und der Student, der zu spät gekommen ist, darf hier Platz nehmen.

Teufel: Ganz vorne? Das wird ihm aber peinlich sein.

Rabe: Umso besser, dann kommt er das nächste Mal nicht zu spät.

Teufel: Aber ... jetzt steht ja der Student, der auf dem ersten Platz saß. Hähä, Problem nicht gelöst!

Rabe: Warte nur. Der Professor bittet jetzt den Studenten vom zweiten Platz aufzustehen und den vom ersten Platz (der jetzt steht) sich zu setzen.

Teufel: Aber jetzt ist Student Nr. 2 ohne Platz.

Rabe: Es ist klar, wie's weitergeht. Student Nr. 3 erhebt sich, macht Platz für Student Nr. 2, und dieser setzt sich. Und so weiter.

Teufel: Und so weiter? Was soll der Unsinn? Du treibst ja hmhmhm mit Beelzebub aus!

Rabe: Nein, der Professor setzt die Studierenden so um, dass jeder Platz findet.

Teufel: Wie, wie, ... was? Es steht doch immer einer!

Rabe: Nein, jeder findet Platz.

Teufel: Alle unendlich vielen Studenten und Studentinnen?

Rabe: Klar! Wer soll denn keinen Platz finden? Etwa der Student Nr. 22.222? Nein, der sitzt auf Platz Nr. 22.223.

Teufel: O.k., ich hab's kapiert. ... Kompliment. Das ist ja ein geradezu teuflischer Trick. Wenn schon unendlich viele Studierende Platz finden, dann findet jede zusätzliche Menge auch noch Platz. Super. Hätte ich nicht gedacht!

Rabe: Vielen Dank! Eine solche Anerkennung von deiner Seite ist mehr wert als jeder Doktorhut!

Teufel: (nachdenklich) Du, sag mal, geht das auch
  ... mit Geld?
Rabe: Wie meinst du das?
Teufel: Nehmen wir mal an, jeder hat einen Euro.
Rabe: Ja.
Teufel: Und ich bin auch einer von denen.
Rabe: Aha, der Teufel will bei dem Spiel mitmachen.
Teufel: Und jetzt machst du deinen Umverteiltrick.
  Lirum larum, Cantor, Pasch, Peano ... und plötzlich hat jeder zwei Euro.
Rabe: Was?
Teufel: Oder ... noch besser. Alle haben noch einen Euro, ihnen wird also
  nichts weggenommen, aber ich habe tausend Millionen Milliarden Euro.
Rabe: Wie?
Teufel: Steh nicht blöd rum und glotz mich doof an, sondern mach deinen
  Trick, auf geht's!
Rabe: Ja ... aber.
Teufel: Weißt du was, du kannst ja für dich auch noch 'n paar Euro abz-
  weigen...!
Rabe: Du meinst?
Teufel: Du musst!
Rabe: Verrätst du mich nicht?
Teufel: Was soll schon passieren? Du bereicherst dich nicht auf Kosten anderer
  Leute, sondern machst nur 'n bisschen Mathe. Da brauchst du dich
  doch nicht zu schämen!
Rabe: O.k., wenn du meinst, dann probieren wir's mal. Wir fangen aber lieber
  vorsichtig an. Wir machen's so, dass du zunächst nur zwei Euro be-
  kommst.
Teufel: Feigling!
Rabe: Also, wir stellen uns jetzt zur Abwechslung mal die Professoren vor.
Teufel: Unendlich viele?
Rabe: Klar, für unendlich viele Studierende unendlich viele Professoren.
Teufel: Und ... Professorinnen?
Rabe: Auch n' paar, aber die siehst du praktisch nicht.
Teufel: Gibt's da nicht auch so 'n Mathe-Trick, um die zu vermehren?
Rabe: Ich glaub kaum. Außerdem machen wir jetzt Geld.
Teufel: O.k. Also ich schmuggel mich unter die Professoren und Professorin-
  nen.
Rabe: Sagen wir, du bist die Nummer 1.
Teufel: Nee, nee, nee, nee. Da fall ich zu sehr auf. Sagen wir, Nummer 7.777.
Rabe: Gut, wenn du willst.

Teufel: Jeder hat genau einen Euro.

Rabe: Ja. Die Mittel sind so gekürzt, dass jeder Professor nur noch einen Euro erhält.

Teufel: Also ich hab auch nen Euro. Und dann krieg ich noch einen dazu, und zwar von Professor Nummer 1. Ha!

Rabe: Gut. Dann hat Professor Nr. 1 kein Geld mehr. Der bekommt einen Euro von Kollegen Nr. 2.

Teufel: Der muss ja.

Rabe: Dann hat Nr. 2 nichts und kriegt einen Euro von Nr. 3.

Teufel: (freut sich) Und so weiter!

Rabe: Ja, Nr. 7.776 gibt seinen Euro an Nr. 7.775 und dann kommst du...

Teufel: ... aber ich gebe nichts ab.

Rabe: Das glaub ich sofort. Dann muss also Nr. 7.778 – sag mal für uns Mathematiker wär's viel einfacher, wenn du pro forma die Nr. 1 wärst...

Teufel: Nichts da, jetzt hab ich mein Geld, und das bleibt so.

Rabe: O.k., o.k. Dann muss also Nr. 7.778 der Nummer 7.776 seinen Euro geben, und dann geht's weiter wie gehabt.

Teufel: Ja, jeder gibt einen Euro her und kriegt wieder einen, nur ich geb keinen her!!! Das ist ein toller Trick. Den machen wir jetzt tausend Millionen Milliarden mal.

Rabe: Viel Vergnügen!

Teufel: Ja, stell dir vor: Die Professoren stehen da in Reih und Glied, der erste gibt mir dauernd nen Euro, und die anderen reichen jeweils einen Euro nach vorne. Ich brauch nur dazustehen und die Hand aufzuhalten! Gigantisch!

Rabe: So, jetzt hab ich dir aber den Trick verraten. Ich hoffe, du treibst keinen Missbrauch damit!

Teufel: Ich? Niemals! Ich danke dir vielmals, ich hätte nie gedacht, dass die Mathematik mit unendlich sooo nützlich sein kann. Habe die Ehre (ab).

Rabe: Ich trau diesem Kollegen nicht. Vielleicht ist es besser, wenn ich mich auch aus dem Staub mache. Krah, krah ...!

Hinweis

Der erste Satz ist eine Variation von „Hilberts Hotel". Das ist ein Gedankenexperiment des großen Mathematikers David Hilbert (1862-1943): Ein Hotel mit unendlich vielen Zimmern, in das auch, wenn es voll belegt ist, immer noch ein Gast reinpasst.

Mathematik von außen betrachtet
oder
Wir nähern uns der Sache
ganz behutsam

Hier finden Sie:

- Eine Antwort auf die Frage „Gibt es in der Mathematik überhaupt noch etwas zu erforschen?"

- Eines der berühmtesten mathematischen Forschungsinstitute aus Sicht eines Taxifahrers

- Die Top Ten der mathematischen Sätze mit einer Diskussion über Schönheit in der Mathematik

Wieviel Mathematik gibt es?

Gibt es in der Mathematik überhaupt noch etwas zu erforschen? Dieser Frage liegt die Vorstellung zu Grunde, dass, nachdem der Satz des Pythagoras und alle anderen Formeln schon entdeckt seien, es für Mathematiker eigentlich nichts mehr zu tun gebe. Das Gegenteil ist richtig: Die Mathematik wächst so schnell, dass kaum noch ein Satz von den Axiomen an verfolgt und kontrolliert werden kann.

Stellen wir uns vor, dass ein Mathematiker, nennen wir ihn Prof. B., einen Satz bewiesen hat. Nach wochen-, vielleicht monatelangen Kämpfen, langwierigen Literaturrecherchen, häufigen Gesprächen mit Kollegen, intensivem Nachdenken, intelligenten Fallunterscheidungen, seitenlangen Rechnungen (und vielen Irrwegen!) hat er endlich sein ersehntes Ergebnis erzielt: *Der endliche projektive Raum* PG(3, q) *besitzt einen Parallelismus!*

Prof. B. ist so stolz auf diesen Satz, dass er sich nicht mit der Erkenntnis an sich begnügt und diese still bei sich behält, sondern er möchte diese Tatsache der Welt bekannt machen. Dafür gibt es verschiedene Möglichkeiten. Er kann an alle Kollegen, die dies interessiert, einen Brief oder eine E-Mail schreiben; er kann auf mathematischen Tagungen darüber berichten; er kann seine Studenten in Spezialvorlesungen davon informieren; – aber die richtige Art und Weise, sich die Urheberansprüche an diesem Satz zu sichern, besteht darin, diesen in einer mathematischen Zeitschrift zu veröffentlichen.

Prof. B. wird also versuchen, seinen Satz so aufzuschreiben, dass auch seine Kollegen verstehen, worin seine neue Erkenntnis besteht. Dann reicht er diese Arbeit bei einer der vielen mathematischen Zeitschriften ein. Er hat dabei die Wahl zwischen allgemeinen Zeitschriften, wie etwa dem 1826 von Leopold Crelle gegründeten *Journal für die reine und angewandte Mathematik* (kurz Crelle's Journal) oder moderneren, auf ein Gebiet spezialisierten Zeitschriften, wie etwa der Zeitschrift *Linear Algebra and its Applications*. In diesem Fall wird Prof. B. wohl eher versuchen, ihn bei einer geometrischen Zeitschrift, wie etwa dem *Journal of Geometry* oder (ganz vornehm) der Zeitschrift *Geometriae Dedicata* („der Geometrie geweiht") unterzubringen. Alle diese Zeitschriften dienen ausschließlich dem Zweck, solche neuen Ergebnisse zu veröffentlichen.

Die eingereichte Arbeit wird dort zunächst mit einem Stempel mit dem Eingangsdatum versehen, um später etwaige Prioritätsansprüche entscheiden zu können. Danach leitet der Herausgeber der Zeitschrift die Arbeit geeigneten Referenten zu. Dies sind Fachkollegen, deren Aufgabe darin besteht, festzustellen,

- ob die Ergebnisse der eingereichten Arbeit neu sind,

- ob die Ergebnisse richtig sind,

- ob die Beweise richtig sind (das ist etwas anderes!),

- ob die Arbeit gut aufgeschrieben ist, und zusammenfassend

- ob die Ergebnisse so interessant sind, dass sie eine Veröffentlichung in dieser Zeitschrift rechtfertigen.

Dafür brauchen die Kollegen, die ja noch viele andere Aufgaben zu erledigen haben, wenn's gut geht, zwei Monate. Danach wird dem Autor das Ergebnis mitgeteilt. Häufig lautet dies so, dass die Arbeit im Wesentlichen eine Veröffentlichung rechtfertige, *wenn* noch die Änderungswünsche und Anmerkungen der Referenten berücksichtigt werden. Außerdem, so setzt der Herausgeber hinzu, habe die Zeitschrift so viele Arbeiten zu veröffentlichen, dass der Autor seine Arbeit so kürzen müsse, dass sie maximal zehn Seiten umfasst.

Prof. B. muss also seine Arbeit umarbeiten, was nicht ganz einfach ist, da er inzwischen mit ganz anderen Gedanken beschäftigt ist. Dann reicht er die revidierte Fassung seiner Arbeit ein, diese wird nochmals referiert und, wenn alles gut geht, zur Veröffentlichung angenommen.

Das bedeutet aber nur, dass sie in die Warteschlange der Zeitschrift eingereiht wird. In der Regel dauert es noch ein Jahr, in vielen Fällen erheblich länger, bis der glückliche Prof. B. seine Arbeit im Druck sieht, die Sonderdrucke erhält und diese an seine engsten Fachkollegen verschicken kann.

So stellt sich eine mathematische Veröffentlichung aus Sicht eines *Autors* dar.

═══════════

Ganz anders sieht das aus Sicht eines *Lesers* aus. Für ihn ist diese Arbeit eine in einer riesigen Menge von Veröffentlichungen, er kann eine einzelne Arbeit eigentlich gar nicht wahrnehmen.

In jedem Jahr werden mehr als 60.000 mathematische Arbeiten veröffentlicht. Jede Arbeit enthält mindestens einen neuen Satz. Also gibt es jedes Jahr mehr als 60.000 neue mathematische Sätze, pro Tag mehr als 150. Wer kann diese Menge bewältigen?

Dabei sind mathematische Arbeiten keineswegs leicht zu lesen, im Gegenteil: Wenn ich eine Arbeit aus meinem Spezialgebiet gründlich lesen will, brauche ich für eine Seite mindestens eine Stunde, häufig viel mehr. Fortgeschrittene Studierende, die über eine 10seitige Arbeit einen Seminarvortrag halten müssen, benötigen oft Monate, bis sie die Arbeit verstanden haben! Wie soll also ein einzelner Mensch 60.000 mathematische Arbeiten in einem Jahr zur Kenntnis nehmen können? Völlig unmöglich!

Daher hat man schon vor längerer Zeit *neue Zeitschriften* gegründet, aber nicht Publikationsorgane für weitere Arbeiten, sondern Zeitschriften, in denen das Wesentliche jeder veröffentlichten Arbeit kurz (und manchmal auch kritisch) dargestellt wird.

Es handelt sich um „Meta-Zeitschriften", also solche, die über Veröffentlichungen in Zeitschriften berichten. Das erste dieser „Referateorgane" waren die *Jahrbücher der Fortschritte der Mathematik*, die von 1869 bis 1945 erschienen. Schon zu Lebzeiten der *Fortschritte* wurden 1931 in Deutschland das *Zentralblatt für Mathematik und ihre Grenzgebiete* und 1940 in den USA die *Mathematical Reviews* gegründet. Das russische Pendant heißt *Referativnij Journal Matematika* und erscheint seit 1945.

Für eine solche Referatzeitschrift wird jede mathematische Veröffentlichung nochmals von einem Fachkollegen kritisch gelesen und kurz zusammengefasst. Bei der eingangs erwähnten Arbeit von Prof. B. über Parallelismen in $PG(3, q)$ lautet das Referat der *Mathematical Reviews* kurz und bündig so:

Let $\Sigma = PG(d, q)$ be the d-dimensional projective space of order q. A *t-spread* of Σ is a set S of t-dimensional subspaces of Σ with the property that each point of Σ is incident with exactly one element of S. A *t-parallelism* of Σ is a collection P of t-spreads such that each t-dimensional subspace of Σ is contained in exactly one t-spread of S. The author proves first that there exist 1-parallelisms in any 3-dimensional projective space of finite order. Then, by induction, he proves that any finite projective space of dimension $d = 2^{i+1} - 1$ $(i = 1, 2, \ldots)$ admits parallelism of lines.

Jede mathematische Arbeit wird also im Idealfall von mindestens fünf vom Autor unabhängigen Personen kritisch gelesen: Von den beiden Referenten, die ein Gutachten für die Zeitschrift machen, und von den Referenten des *Zentralblatts*, der *Mathematical Reviews* und der *Referativnij Journal Matematika*.

Insgesamt werden jährlich vom Zentralblatt und von den Mathematical Reviews jeweils etwa 60.000 Arbeiten aus ca. 700 Zeitschriften referiert. Sie können sich vorstellen, wie umfangreich dann diese Zeitschriften werden. In der

Tat bringen es die Referatzeitschriften jährlich auf etwa einen laufenden Meter. Daher hat man vor einigen Jahren auch angefangen, die Daten nicht nur auf Papier, sondern auch auf CD-ROM zur Verfügung zu stellen.

──────────

Die Aufgabe der Referatzeitschriften besteht aber nicht nur darin, eine Kurzbeschreibung der Arbeit zur Verfügung zu stellen, sondern auch, die referierte Arbeit in ein spezielles mathematisches Gebiet einzuordnen. Man hat dazu die Mathematik nach einem gewissen Schema in Gebiete eingeteilt. Das geschieht zunächst grob: Algebra, Geometrie, Analysis, Stochastik usw. Jedes Gebiet wird dann nochmals in verschiedene Ebenen unterteilt. Obige Arbeit wurde beispielsweise dem Gebiet 51 E 20 zugeteilt. Dabei bedeutet „51" Geometrie, „E" heißt endliche Geometrie und „20" zeigt an, dass es sich um das Spezialgebiet „kombinatorische Strukturen in endlichen projektiven Räumen" handelt.

Das Verzeichnis all dieser Gebiete ist ein Heft von 50 eng bedruckten Seiten. Unten ist eine typische Seite abgedruckt. Jeder Mathematiker kennt sich nur in wenigen dieser Gebiete wirklich aus. Auf der abgebildeten Seite sind diejenigen Gebiete (dieser Seite) hervorgehoben, von denen ich sagen würde: Da fühle ich mich kompetent.

──────────

Also keine Spur von „in der Mathematik ist bereits alles erforscht" – ganz im Gegenteil: Wie in allen anderen Wissenschaften auch ertrinken die Mathematiker in der Fülle der Information.

Wie konnte es zu dem Vorurteil „in der Mathematik nichts Neues" kommen? Kein Mensch würde auf den Gedanken kommen, in der Physik, in der Biologie, in der Medizin sei bereits alles erforscht. Es wird höchstens die Frage gestellt, ob in diesen Wissenschaften die „richtigen" Dinge erforscht werden.

Meinem Eindruck nach kommt dieses Vorurteil durch die Art und Weise zustande, wie Mathematik unterrichtet wird. Im Mathematikunterricht der Schule und in den Vorlesungen an den Universitäten wird die Mathematik als ein in der Regel abgeschlossenes Gebiet von Begriffen, Sätzen und Methoden präsentiert. Schüler und Studierende erleben Mathematik als eine für sie unzugängliche Wissenschaft, als ein zumindest scheintotes Gebiet.

Nur selten einmal haben Schüler oder Studierende die Möglichkeit, selbst Begriffe zu suchen, selbst Verfahren zu entwickeln, selbst Sätze zu entdecken. Schade. Denn so könnten Schüler und Studierende erleben, dass Mathematik eine quicklebendige Wissenschaft ist, die dann Spaß macht, wenn man sie aktiv betreibt!

51Dxx Geometric closure systems
51D05 Abstract (Maeda) geometries
51D10 Abstract geometries with exchange axiom
51D15 Abstract geometries with parallelism
51D20 Combinatorial geometries [See also 05B25, 05B35]
51D25 Lattices of subspaces [See also 05B35]
51D30 Continuous geometries and related topics [See also 06Cxx]
51D99 None of the above, but in this section

51Exx Finite geometry and special incidence structures
51E05 General block designs [See also 05B05]
51E10 Steiner systems
51E12 Generalized quadrangles, generalized polygons
51E14 Finite partial geometries (general), nets, fractial spreads
51E15 Affine and projective planes
51E20 Combinatorial structures in finite projective spaces [See also 05B05, 05B25]
51E21 Blocking sets, ovals, k-arcs
51E22 Linear codes and caps in Galois spaces [See also 94B05]
51E23 Spreads and packing problems
51E24 Buildings and the geometry of diagrams [See also 20E42]
51E25 Other finite nonlinear geometries
51E26 Other finite linear geometries
51E30 Other finite incidence structures [See also 05B30]
51E99 None of the above, but in this section

51Fxx Metric geometry
51F05 Absolute planes
51F10 Absolute spaces
51F15 Reflection groups, reflection geometries [See also 20H10, 20H15; for Coxeter groups see 20F55]
51F20 Congruence and orthogonality [See also 20H05]
51F25 Orthogonal and unitary groups [See also 20H05]
51F99 None of the above, but in this section

51G05 Ordered geometries (ordered incidence structures, etc.)

51Hxx Topological geometry
51H05 General theory
51H10 Topological linear incidence structures
51H15 Topological nonlinear incidence structures
51H20 Topological geometries on manifolds [See also 57-XX]
51H25 Geometries with differentiable structure [See also 53Cxx, 53C70]
51H30 Geometries with algebraic manifold structure [See also 14-XX]
51H99 None of the above, but in this section

51Jxx Incidence groups
51J05 General theory
51J10 Projective incidence groups
51J15 Kinematic spaces
51J20 Representation by near-fields and near-algebras [See also 12K05, 16Y30]
51J99 None of the above, but in this section

51Kxx Distance geometry
51K05 General theory
51K10 Synthetic differential geometry
51K99 None of the above, but in this section

51Lxx Geometric order structures [See also 53C75]
51L05 Geometry of orders of nondifferentiable curves
51L10 Directly differentiable curves
51L15 n-vertex theorems via direct methods
51L20 Geometry of orders of surfaces
51L99 None of the above, but in this section

51Mxx Real and complex geometry
51M04 Elementary problems in Euclidean geometries
51M05 Euclidean geometries (general) and generalizations
51M09 Elementary problems in hyperbolic and elliptic geometries
51M10 Hyperbolic and elliptic geometries (general) and generalizations
51M15 Geometric constructions
51M16 Inequalities and extremum problems [For convex problems see 52A40]
51M20 Polyhedra and polytopes; regular figures, division of space [See also 51F15]
51M25 Length, area and volume [See also 26B15]
51M30 Line geometries and their generalizations
51M35 Synthetic treatment of fundamental manifolds in projective geometries (Grassmannians, Veronesians and their generalizations) [See also 14M15]
51M99 None of the above, but in this section

51Nxx Analytic and descriptive geometry
51N05 Descriptive geometry [See also 65D17, 68U07]
51N10 Affine analytic geometry
51N15 Projective analytic geometry
51N20 Euclidean analytic geometry
51N25 Analytic geometry with other transformation groups
51N30 Geometry of classical groups [See also 20Gxx, 14L35]
51N35 Questions of classical algebraic geometry [See also 14Nxx]
51N99 None of the above, but in this section

51P05 Geometry and physics [Should also be assigned at least one other classification number from Sections 70 - 86]

Mit dem Taxi nach Oberwolfach

Ein winziges Nest im südlichen Schwarzwald zieht Top-Mathematiker aus aller Welt magisch an. **Der Grund dafür ist ein einzigartiges Institut, das „Mathematische Forschungsinstitut Oberwolfach" mit idealen Arbeitsmöglichkeiten für Wissenschaftler.**

Wenn man mit dem Intercity von Frankfurt aus nach Süden durch das Rheintal fährt, beginnt ab Offenburg eine ausgesprochen malerische Strecke durch den Schwarzwald. Neunundzwanzig Tunnel wechseln mit fast ebenso vielen Haltestellen ab. Aber noch vor dieser Attraktion hält der Zug in Hausach, einem kleinen Ort, an dem nur wenige, meist einheimische Gäste aussteigen.

Aber an jedem Sonntagnachmittag und -abend entsteigen dem InterRegio Personen, denen man sofort ansieht, dass sie nicht hierher gehören – ohne dass man allerdings direkt sagen kann, wohin diese Gäste denn gehören.

Sie bleiben nicht in Hausach, ihr Ziel ist ein noch kleinerer Ort, der nur auf den allergenauesten Karten verzeichnet ist: Oberwolfach.

Wie der Name andeutet, liegt Oberwolfach oberhalb von Wolfach. Der Ort erstreckt sich über mehrere Kilometer im Wolfachtal, besteht aber nur aus wenigen Häusern. Neben der Kirche ist das imposanteste und in gewissem Sinne wichtigste Gebäude das Gasthaus zum Hirschen, in dem man hervorragende Schwarzwälder Spezialitäten genießen kann.

Manche der wartenden Personen scheinen sich zu kennen, manche haben schon in der Bahn zusammengesessen. Manche begrüßen sich (aber sehr vorsichtig und behutsam), während sie sich nach einem Taxi umschauen. Natürlich steht kein Wagen da. Nach einigen Minuten ratloser Stille fasst einer Mut und bestellt telefonisch ein Taxi.

Alle diese Personen haben ein Ziel. Sie gehören zu den Auserwählten, die zu einer mathematischen Tagung, die in der kommenden Woche stattfindet, eingeladen wurden.

Wenn man Glück hat, erzählt einem der Taxifahrer nicht nur die neuesten Neuigkeiten aus dem Wolfachtal, sondern auch seine Sicht der Spezies der Mathematiker. Wenn ich unter den Wartenden bin, beantworte ich die Frage des Taxifahrers „Wohin soll's denn gehen?" mit der Aufforderung „Raten Sie!", worauf er jedesmal unfehlbar in dem gemütlichen alemannischen Dialekt sagt „Ha, ens Inschtitut."

Das „Inschtitut" ist das *Mathematische Forschungsinstitut Oberwolfach*, das Mekka der Mathematik, eine Institution, die unter den Mathematikern in aller Welt legendären Ruf genießt, von dessen Leben die Einheimischen aber nur durch die Beobachtung der Gäste des Instituts Kenntnis erhalten können. In diesem Institut findet in jeder Woche des Jahres eine Tagung über ein mathematisches Teilgebiet statt, zu der sich die fünfzig besten Spezialisten der Welt treffen. Es ist eine ausgesprochene Ehre, zu einer solchen Tagung eingeladen zu werden. Und so kommt es, dass an jedem Sonntag Mathematiker, die sich zum Teil nur aus ihren Veröffentlichungen kennen, am Bahnhof Hausach gemeinsam auf ein Taxi warten.

Ich frage unseren Taxifahrer, woran er denn erkannt habe, dass wir ins Institut wollen. Nachdem er nochmals bekräftigt hat „des gsi i" (das sehe ich), erklärt er, dass „die Herra anders angezoga sind wie mir – obwohl", und er lässt einen kurzen Blick über mein Äußeres streifen, „ich das bei Ihne eigentlich nit seh". Im Klartext heißt dies, dass er die Mathematiker an der für die dortigen Verhältnisse skandalös nachlässigen Kleidung erkennt, und dass ich offenbar eine rühmliche Ausnahme darstelle. Ich denke nicht weiter darüber nach, wie ich zu dieser unverdienten Ehre komme, denn mein Taxifahrer gerät ins Erzählen.

„Ich weiß ja net, was die da oba machet, aber ich glaub, die denka bloß. Die denka den ganza Tag über die schwerste Sacha nach."

Und nach einer kleinen Pause fährt er fort: „Wissa Se, als Taxifahrer erlebt mer ja scho viel. Eimal habe ich ein von dene Herra gesehen, wie er voller Gedanka aus em Hirsch kummt – und hat no die Kaffeetass in der Hand! Ob die voll oder leer war, hab i net gsi. Da steht der a Weile rum und geht dann wieder nei, als ob nix gsi sei."

„Wissa Se", lässt er sich nach einer Weile wieder hören, „des isch ja anfürsich nix Schlimms. Ich glaub halt", und jetzt lehnt er sich ziemlich weit aus dem Fenster, „ich glaub, die meischde hon ja kei Frau, die wo nach ihne guckt." Ich bin sprachlos und bleibe die Antwort erst mal schuldig.

Den Taxifahrer ficht das aber nicht an; er schildert mir nun ein gewissermaßen berufliches Problem. Wenn die Tagung am Samstag zu Ende geht, bestellen alle, die nicht mit dem eigenen Auto angereist sind, ein Taxi, und zwar – das ist das Ärgerliche – jeder für sich. „Wissa Se, ich glaub, die sprecha gar net mitanander, die kennet nur ihre Wisseschaft. Dabei wär des so eifach", spricht der Mann der Praxis, „wenn die sich a bissle organisiera tätet. Immer vier zsamma ein Taxi. Des wär doch für die billiger, und für uns eifacher."

Wenn er schon dabei ist, spricht er noch ein anderes Problem an. „Wenn die Herra zahlet, do denn die sich ja so schwer. Bis die wissat, ob jeder für sich zahlt, oder alle zsamma, wer a Rechnung will und wer net – des dauert a halbe Ewigkeit!" Er hat dieses Problem aber gelöst: „I frog gar net, sondern geb jedem a Rechnung über sein Anteil. No wisset die, was se zahle misset und jeder isch zfrieda."

Jetzt sind wir schon fast da. Eine Brücke über die Wolfach, an der das Schild „Mathematisches Forschungsinstitut" anzeigt, dass wir auf dem richtigen Weg sind. Noch ein paar Kurven, und da liegen zwei moderne Gebäude. Wir halten, der Taxifahrer hat tatsächlich für jeden von uns eine Quittung bereit, wir steigen aus, und das Taxi fährt zurück.

=============

Wir werden begrüßt, und für eine Woche sind wir jetzt vom Zauber dieses Instituts gefangen. Man nimmt von der Außenwelt nichts wahr und kann sich ohne jede Ablenkung auf Probleme konzentrieren und Gedanken nachgehen, zu denen man in der Hektik des Alltags nie kommt.

=============

Das Mathematische Forschungsinstitut Oberwolfach wurde 1944, also gegen Ende des zweiten Weltkriegs, von dem Freiburger Mathematikprofessor Wilhelm Süß als „Mathematisches Reichsinstitut" in dem leerstehenden „Lorenzenhof" gegründet. Bis zum Kriegsende arbeiteten dort etwa zwanzig Mathematiker über grundlegende Probleme der Mathematik, die offiziell als kriegswichtig anerkannt waren.

Nach dem zweiten Weltkrieg begann zunächst mit sehr beschränkten Mitteln eine Tagungstätigkeit, die ab 1954 stark ausgebaut wurde. Diese Tagungen sind das Gegenteil von äußerlich erregten Publikumsmessen. Hier kommen Mathematiker zusammen, um sich ohne jede Ablenkung auf die mathematische Forschung konzentrieren zu können.

Heute besteht „Oberwolfach" aus zwei modernen Gebäuden, in denen sich Woche für Woche Mathematiker aus aller Welt treffen, um sich gegenseitig über die neuesten Forschungsergebnisse und Ideen auszutauschen. Häufig wird auf den Tagungen so intensiv zusammengearbeitet, dass im Laufe der Woche nicht nur neue Ergebnisse, sondern auch weittragende Ideen geboren werden.

Im Institut herrscht eine offene und vertrauensvolle Atmosphäre. Die Bibliothek ist eine der schönsten und vollständigsten Sammlungen mathematischer Literatur, die es gibt. Jeder Verlag achtet im eigenen Interesse darauf, dass seine Bücher in Oberwolfach stehen; denn selten hat ein Mathematiker Gelegenheit, sich in Ruhe Neuerscheinungen anschauen zu können. Bis vor kurzem hatte die Bibliothek (ohne Aufsicht!) auch die ganze Nacht über geöffnet, damit die Wissenschaftler ihre Gedanken zu keiner Zeit aufschieben mussten. Die Schließung der Bibliothek über Nacht kommt daher, dass dort jetzt auch einige wertvolle Computer stehen, und die Versicherung (für die Computer) auf nächtlicher Schließung bestanden hat ...

Die Top Ten der mathematischen Sätze

Als Kriterium zur Beurteilung mathematischer Sätze wird immer wieder ihre Schönheit angeführt. Die Mathematiker haben eine Umfrage veranstaltet, um die schönsten Sätze herauszufinden.

Der berühmte englische Mathematiker G.H. Hardy (1877-1947) vertrat prononciert die Meinung, dass die Schönheit der eigentliche Maßstab für die Mathematik sei. In seiner Autobiographie *A Mathematician's Apology* schreibt er: „Ein Mathematiker schafft, ähnlich wie ein Maler oder ein Dichter, Strukturen (patterns) ... Die Strukturen die ein Mathematiker schafft, müssen so wie die der Maler und Dichter schön sein ... Schönheit ist der erste Test: Für hässliche Mathematik gibt es keinen dauerhaften Platz auf der Welt."

Warum begründen Mathematiker ihr Tun mit ästhetischen Kategorien? In anderen Bereichen ist das nicht so, da gibt es eindeutige und einfach zu überprüfende Erfolgskriterien. Im Sport kann man zwar auch von Schönheit sprechen, aber die besten Sportler sind nicht die, die schön spielen, sondern diejenigen, die Erfolg haben. Der Fußballspieler Gerd Müller, der erfolgreichste deutsche Torjäger, sagt dazu: „Andere wiederum wollen 'schöne' Tore schießen. Das hat es für mich nicht gegeben. Ich wäre nicht auf die Idee gekommen, den Ball über den Torwart zu schlenzen oder irgend so ein Zauberstück für das Publikum zu machen. Ich wollte ein Tor – das war alles."

Man kann natürlich die Mathematik auch mit ihrer Nützlichkeit, ihrer Verbindung mit anderen Theorien usw. begründen. Man kann mathematische Sätze auch damit rechtfertigen, dass man auf ihre Wahrheit oder, vorsichtiger gesagt, ihre formale Korrektheit verweist. Aber Wahrheit allein macht ein mathematisches Ergebnis nicht interessant oder wichtig. Stellen Sie sich vor, die Mathematiker würden nur riesige Zahlentabellen veröffentlichen, etwa Verknüpfungstafeln von algebraischen Strukturen. Das wären richtige Ergebnisse, und viel leichter zu verifizieren als die üblichen mathematischen Sätze, aber das wäre tödlich langweilig.

Wenn man Mathematiker fragt, weshalb sie einen Satz oder einen Beweis für wichtig oder bedeutend halten, antworten sie entweder sofort oder nach

einiger Zeit mit ästhetischen Kategorien, indem sie Wörter wie *schön, attraktiv* oder sogar *elegant* benutzen.

Der bekannte Mathematiker Roger Penrose (geb. 1931) aus Oxford ist der Meinung, dass die Rolle der Ästhetik in der Mathematik nicht nur eine oberflächliche Geschmacksfrage ist (nach dem Motto „meine Sätze sind schön, die meines Kollegen bestenfalls merkwürdig"), sondern dass dies viel tiefer gründet. Er ist überzeugt, dass ästhetische Kategorien auch Leitfäden für den arbeitenden Mathematiker sind.

Er beobachtete folgenden geheimnisvollen Zusammenhang: Eine mathematische Idee, die attraktiv aussieht, hat eine größere Chance, wahr zu sein, als eine hässliche. Stellen wir uns vor, dass an einem gewissen Punkt in einem Beweis zwei alternative Lösungen denkbar sind, die sich grundsätzlich unterscheiden: Von der einen Lösung denkt man „wenn das die Lösung wäre, das wäre schön!", während man die andere Lösung einfach hinnehmen müsste. Dann, so ist Penrose überzeugt, ist mit hoher Wahrscheinlichkeit die schöne Lösung die richtige.

Eine Anekdote über P.A.M. Dirac (1902-1984), der 1933 den Nobelpreis für Physik erhalten hat, belegt diese Ansicht. In den 20er Jahren versuchten alle bedeutenden Physiker, eine Verbindung zwischen der Relativitätstheorie und der Quantentheorie zu entdecken. Alles vergeblich. Bis Dirac die Gleichung fand, die heute „Diracsche Gleichung" genannt wird. Gefragt, wie er denn darauf gekommen sei, antwortete er: „Ich habe einen sehr starken Sinn für das Schöne, und als ich meine Gleichung gefunden hatte, wusste ich, das dies die richtige ist."

Alle diese Überlegungen provozieren natürlich die Frage „Was ist schön?", eine Frage, auf die die Menschheit seit Tausenden von Jahren eine Antwort zu geben versucht hat.

In der Mathematik scheint es so zu sein, dass Schönheit eng mit Einfachheit zusammenhängt. Manche gehen so weit, diese beiden Begriffe zu identifizieren: Schönheit = Einfachheit.

Auch hier beobachtet Penrose genauer. Seiner Meinung nach ist in der Mathematik nicht Einfachheit als solche schön, sondern vor allem *unerwartete* Einfachheit. Die Einfachheit muss überraschend sein, fast wie die Spannung (der suspense) in einem Krimi von Hitchcock: Man denkt über ein Problem nach, das zunächst vielleicht nicht allzu schwierig aussieht. Aber die Überlegungen zur Lösung werden schwieriger und komplizierter, keiner blickt mehr durch, man will schon aufgeben – da, plötzlich, durch den richtigen Blick, wird alles ganz einfach! Obwohl das Problem zunächst kompliziert erschien, entpuppt sich die richtige Lösung als im Grunde einfach. Überraschend einfach.

Das ist wie beim Legen einer Patience. Man kommt nicht weiter, alles staut sich, man möchte am liebsten die Karten neu mischen – da, plötzlich, legt man „die richtige" Karte um, und alles geht wie von selbst auf!

Für die Mathematik ist die Reduktion auf Einfaches entscheidend. Schon weil sich die meisten Aussagen der Mathematik auf unendlich viele Objekte beziehen. Eine solche Aussage kann man also prinzipiell nicht durch Einzelfallstudien lösen. Wenn es nicht gelingt, das Problem einfach und überschaubar zu beschreiben, hat man überhaupt keine Chance.

Dennoch können auch Mathematiker die Frage „Was ist schön?" letztlich nicht objektiv entscheiden.

════════

Die Zeitschrift „The Mathematical Intelligencer" machte die Probe aufs Exempel und fragte in der Ausgabe 4/1988 ihre Leser nach den ihrer Meinung nach schönsten mathematischen Sätzen. Dazu gab es eine Liste von 24 Vorschlägen, die man mit Punkten 0 bis 10 bewerten konnte. Dabei sollte es weder um die Bedeutung oder Anwendbarkeit der Sätze, noch um die Qualität der Beweise gehen, sondern nur um die Schönheit der Sätze.

Natürlich gab es viele Einwände gegen dieses Verfahren. Einige davon sind:

- Kann überhaupt ein Satz allein schön sein? Hängt das nicht davon ab, wie schön sein Beweis ist?

- Was heißt Schönheit? Ist es Einfachheit? Muss ein schöner Satz kurz ausgedrückt werden können? Ist es die Überraschung, die in einem Ergebnis liegt?

- Ändert sich die Einschätzung eines Ergebnisses mit der Zeit?

In der Ausgabe 3/1990 wurde das Ergebnis bekanntgegeben. Hier sind die Top Ten der mathematischen Sätze.

1	$e^{i\pi} = -1$.

Dabei ist e ($\approx 2{,}718$) die Eulersche Zahl, i die imaginäre Einheit ($i^2 = -1$), und π ($\approx 3{,}14159$) das Verhältnis von Umfang und Durchmesser eines beliebigen Kreises.

2	Die Eulersche Polyederformel: $E - K + F = 2$.

Dabei bezeichnet E die Anzahl der Ecken, K die Anzahl der Kanten und F die Anzahl der Flächen eines konvexen Polyeders.

3	Es gibt unendlich viele Primzahlen.

Das bedeutet, dass es keine größte Primzahl gibt, das heißt, dass die Folge der Primzahlen nie abbricht.

4	Es gibt nur fünf reguläre Polyeder (platonische Körper).

Dabei ist ein regulärer Körper ein konvexes Polyeder (vgl. Seite 81), dessen Seiten reguläre n-Ecke sind, wobei an jeder Ecke die gleiche Zahl von Seiten zusammenkommt.

5	$1 + \dfrac{1}{2^2} + \dfrac{1}{3^2} + \dfrac{1}{4^2} + \ldots = \dfrac{\pi^2}{6}$.

Hier zeigt die Zahl π, die in ihrer Dezimalbruchentwicklung außerordentlich unregelmäßig erscheint, ein sehr ebenmäßiges Gesicht: einen klareren Ausdruck als die linke Seite obiger Gleichung kann man sich kaum vorstellen.

> **6** Jede stetige Abbildung der abgeschlossenen Einheitskreisscheibe in sich hat einen Fixpunkt.

Dabei ist ein Fixpunkt ein Punkt, der von der Abbildung festgelassen wird.

> **7** Es gibt keine rationale Zahl, deren Quadrat gleich 2 ist (d.h. $\sqrt{2}$ ist irrational).

Das bedeutet, dass es keine natürlichen Zahlen p und q gibt mit $\sqrt{2} = p/q$.

> **8** π ist transzendent.

Das bedeutet, dass es kein Polynom mit rationalen Koeffizienten gibt, das π als Nullstelle hat.

> **9** Jede ebene Landkarte kann mit vier Farben gefärbt werden.

Das bedeutet, dass man die Länder jeder ebenen Landkarte so mit höchstens vier Farben färben kann, dass je zwei Länder, die ein Stück Grenze gemeinsam haben, verschieden gefärbt sind.

> **10** Jede Primzahl der Form $4n + 1$ kann auf eindeutige Weise als Summe zweier Quadratzahlen geschrieben werden.

Das bedeutet, dass es für jede Primzahl p der Form $4n + 1$ genau ein Paar (a, b) natürlicher Zahlen mit $a < b$ gibt, so dass $p = a^2 + b^2$ gilt.

═══════════

Eines ist durch diese Umfrage auch klar geworden: Die Mathematiker haben keineswegs eine gemeinsame Meinung darüber, was Schönheit in der Mathematik ist.

Und daher kann Ihnen niemand die Entscheidung abnehmen, welchen Satz Sie als schönsten empfinden, genau so wenig wie, zum Beispiel, Ihre Entscheidung für Ihre Lieblingsmusik.

Welcher Satz ist *Ihrer Meinung nach* der schönste?

Literatur

G.H. Hardy: *A Mathematician's Apology.* Cambridge University Press 1940.

R. Penrose: *The Role of Aesthetics in Pure and Applied Mathematical Research.* The Institute of Mathematics and its Applications, 7-8/1974, 266-271.

D. Wells: *Which is the Most Beautiful?* The Mathematical Intelligencer 4/10 (1988), 30-31.

D. Wells: *Are These the Most Beautiful?* The Mathematical Intelligencer 3/12 (1990), 37-41.

P. Basieux: *Die Top Ten der schönsten mathematischen Sätze.* Rowohlt [6]2004.

Wir machen Mathematik
oder
Keine Angst!

Hier finden Sie:

- Probleme, die Mathematiker überraschenderweise interessieren
- Probleme, die Mathematiker überraschenderweise nicht interessieren
- Mathematik und der Fußball
- Mathematik auf dem Schachbrett
- Mathematische Zaubertricks

Probleme, Knobeleien, Kuriositäten

Es gibt typische Probleme, die Mathematiker faszinieren. Viele solche Probleme sind in der Umgangssprache formuliert, und wenn man sich nicht genau auskennt, erkennt man nicht, ob es sich um ein tief liegendes Problem oder um eine harmlose Denksportaufgabe handelt. Der Übergang von „Knobelaufgaben" zu ernsthafter mathematischer Forschung ist fließend. Wir stellen hier einige Probleme vor, und zwar so, dass wir mit einem ungelösten Problem beginnen und mit mehr und weniger schwierigen Knobelaufgaben enden.

Das (3 n + 1)-Problem

Schon als er noch studierte, hat sich der berühmte deutsche angewandte Mathematiker Lothar Collatz (1910-1990) ein Problem gestellt, das die Mathematiker bis heute in Atem hält und weit davon entfernt ist, gelöst zu sein.

Das Problem hört sich fast beleidigend harmlos an: Wir starten mit irgendeiner natürlichen Zahl a_0 und bilden aus ihr auf folgende Weise eine Folge a_0, a_1, a_2, ... von natürlichen Zahlen:

Wenn a_i gerade ist, so ist $a_{i+1} = a_i/2$;
wenn a_i aber ungerade ist, so ist $a_{i+1} = 3a_i + 1$.

Einige Beispiele: $a_0 = 3$ liefert die Folge $3 \rightarrow 10 \rightarrow 5 \rightarrow 16 \rightarrow 8 \rightarrow 4 \rightarrow 2 \rightarrow 1 \rightarrow 4 \rightarrow 2 \rightarrow 1 \rightarrow 4 \rightarrow 2 \rightarrow 1$ usw.

Aus $a_0 = 7$ erhält man $7 \rightarrow 22 \rightarrow 11 \rightarrow 34 \rightarrow 17 \rightarrow 52 \rightarrow 26 \rightarrow 13 \rightarrow 40 \rightarrow 20 \rightarrow 10 \rightarrow 5 \rightarrow 16 \rightarrow 8 \rightarrow 4 \rightarrow 2 \rightarrow 1 \rightarrow 4 \rightarrow 2 \rightarrow 1 \rightarrow 4 \rightarrow 2 \rightarrow 1$ usw.

Eines ist sofort klar: Wenn man irgendwann auf eine Potenz von 2 (also eine der Zahlen 2, 4, 8, 16, ...) stößt, so braucht man nur noch einige Male zu halbieren, trifft dann ganz bestimmt auf die Zahl 1, und dreht sich von da an ewig in der Schleife $1 \rightarrow 4 \rightarrow 2 \rightarrow 1$. Die Vermutung lautet, dass man *immer*, also unabhängig von der Zahl, von der man ausgeht, irgendwann auf die Zahl 1 trifft.

Welches ist die nächste Zahl, die wir testen müssen? Alle Zahlen, die in einer der beiden obigen Folgen vorkommen, haben die vermutete Eigenschaft. Die erste Zahl ist 6 – aber das ist zu einfach. Also 9. Wir erhalten die Reihe 9 $\rightarrow 28 \rightarrow 14 \rightarrow 7$, und dann geht's weiter wie bei der zweiten Folge.

Das folgende Schaubild zeigt die Situation bei kleinen Zahlen. Man erkennt, dass diese Zahlen mehr oder weniger zielstrebig der Zahl 1 zustreben.

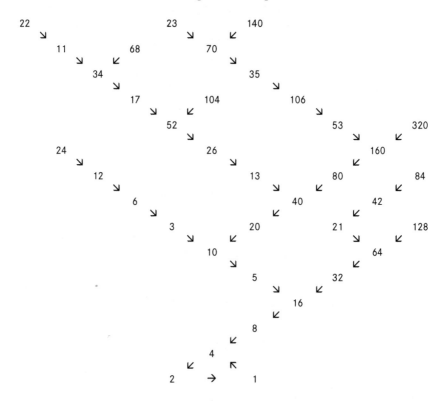

Das Collatzsche Problem eignet sich ideal dazu, mit dem Computer getestet zu werden: Man hat alle Zahlen bis 700 Milliarden getestet; in diesem Bereich ist die Vermutung richtig. Daher ist es bestimmt nicht einfach, ein Gegenbeispiel zu finden – falls die Vermutung falsch sein sollte. Man hat aber auch bis heute keine durchschlagende theoretische Einsicht, mit der man die Vermutung beweisen oder widerlegen könnte.

Ein offenes Problem, an dem sich jeder die Zähne ausbeißen kann!

Literaturhinweis:

Richard K. Guy: *Unsolved Problems in Number Theory.* Springer-Verlag, New York, Heidelberg, Berlin 1981, problem E16.

Die Verdoppelung der Kugel

Kann man eine Kugel in endlich viele Teile aufteilen und diese dann so zusammensetzen, dass man *zwei* vollständige Kugeln der Originalgröße erhält?

Jeder „normale Mensch" denkt spontan, dass das bestenfalls ein falsch gestelltes Problem sein und dass das „selbstverständlich" nie im Leben gehen kann – aber das ist nicht wahr!

Der Satz von Banach-Tarski sagt, dass man jede Kugel in fünf Teile aufteilen kann und diese zu zwei Kugeln derselben Größe wie die Originalkugel zusammensetzen kann.

Unglaublich!

Der Beweis ist allerdings so verzwickt, dass wir ihn hier nicht darstellen, sondern auf die Literatur verweisen.

Die Anwendung auf das praktische Leben wird dadurch unmöglich gemacht, dass einige der Stücke nicht messbar sind, und das bedeutet, dass man sie praktisch nicht ausschneiden kann.

Literaturhinweis:

R. M. French: *The Banach-Tarski theorem.* The Mathematical Intelligencer **10** (1988), 21-28.

A. Kirsch: *Das Paradoxon von Hausdorff, Banach und Tarski: Kann man es „verstehen"?* Mathematische Semesterberichte (1991), 216-239.

Die Sache mit den vier Farben

Kann man die Länder einer beliebigen Landkarte so mit vier Farben färben, dass je zwei Länder, die ein Stück Grenze gemeinsam haben, verschieden gefärbt sind?

Nach allem, was wir wissen, hat diese Frage niemand interessiert, bis sich der Engländer Francis Guthrie (1831-1899) im Jahre 1852 diese Frage stellte, als er versuchte, eine Karte von England zu färben. Er war überzeugt, dass die Antwort „ja" ist, konnte aber kein überzeugendes Argument für seine Vermutung finden. Daher sprach er seinen Bruder Frederik Guthrie an, der damals in London Mathematik studierte. Da auch Frederik das Problem nicht lösen konnte, trug er es am 23. Oktober 1852 seinem Mathematikprofessor Augustus de Morgan (1806-1871), einem der führenden Mathematiker der Zeit, vor.

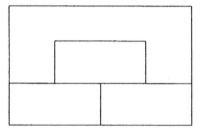

Dieser war von dem Problem so fasziniert, dass er noch am selben Tag einen Brief an seinen Kollegen Sir William Rowan Hamilton (1805-1865) schrieb. Darin gab de Morgan eine Karte an, die zeigt, dass man *mindestens vier Farben* braucht. Da jedes Land an jedes andere angrenzt, braucht man zur Färbung vier Farben. Übrigens gibt es keine Landkarte mit fünf Ländern, von denen jeweils zwei aneinander grenzen. Daraus folgt aber der Vierfarbensatz nicht.

Das „Vierfarbenproblem", wie es bald genannt wurde, blieb aber ungelöst, bis am 17. Juli 1879 eine Notiz in der Zeitschrift „Nature" erschien, dass der Londoner Jurist Sir Alfred Bray Kempe (1849-1922) das Vierfarbenproblem gelöst habe. Der Beweis erschien kurz darauf im „American Journal of Mathematics".

Dieser Beweis wurde über zehn Jahre lang als richtig und das Problem als gelöst angesehen, bis 1890 Percy John Heawood (1861-1955) eine Lücke im Kempeschen Beweis fand. Das war ihm fast peinlich, und in der Einleitung entschuldigte er sich für seine „destruktive" Arbeit.

Immerhin gelang Heawood ein wasserdichter Beweis des „Fünffarbensatzes": *Jede Landkarte kann mit höchstens fünf Farben gefärbt werden.* Die Frage war also reduziert auf „vier oder fünf".

Die Vierfarbenvermutung wurde eines der berühmten Probleme der Mathematik des 20. Jahrhunderts. Der deutsche Mathematiker Heinrich Heesch (1906-1995) widmete einen Großteil seines mathematischen Lebens dieser Frage und erzielte entscheidende Fortschritte.

Er konnte aber das Problem nicht endgültig lösen, weil, so seine Darstellung, ihm zu wenig Unterstützung an Personal und Computern bewilligt wurde. So blieb das Problem ungelöst – bis im Jahre 1976 der Amerikaner K. Appel (geb. 1932) und der in USA lebende Deutsche W. Haken (geb. 1928) auf der Grundlage der Resultate von Heesch mit massivem Computereinsatz das Vierfarbenproblem endgültig lösten: *Jede Landkarte kann mit vier Farben gefärbt werden.*

Inzwischen haben andere Forscher das Ergebnis bestätigt, so dass es heute als gesichert angesehen werden kann. Dennoch ist ein Beweis immer noch sehr umfangreich. Einen einfachen Beweis für dieses so einfach zu formulierende Problem zu finden, bleibt eine große Herausforderung für jeden Mathematiker.

In der Aprilscherzkolumne der Zeitschrift *Scientific American* von 1975 berichtete Martin Gardner von den sechs „bedeutendsten" Entdeckungen des Jahres 1974 und stellt dort die von einem gewissen William McGregor entdeckte Landkarte vor, die nicht mit vier Farben zu färben sei.

In der folgenden Abbildung sehen Sie diese Landkarte. Überzeugen Sie sich selbst: Wer hat recht? Die Phalanx der internationalen Experten oder William McGregor aus Wappinger Falls, N.Y.?

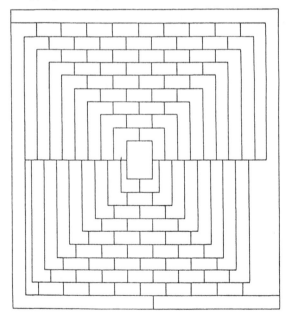

**McGregor behauptete 1974, dass diese Landkarte
nicht mit weniger als fünf Farben gefärbt werden kann.**

Literaturhinweis:

In jedem Buch über Graphentheorie kommt das Vierfarbenproblem an prominenter Stelle vor. Das Buch von Aigner baut die ganze Graphentheorie aus dem Vierfarbenproblem heraus auf; das Buch von Fritsch konzentriert sich auf dieses Problem und stellt auch viele historische Tatsachen dar.

M. Aigner: *Graphentheorie. Eine Entwicklung aus dem Vierfarbenproblem.* B.G. Teubner Verlag, Stuttgart 1984.

R. und G. Fritsch: *Der Vierfarbensatz. Geschichte, topologische Grundlagen und Beweisidee.* B.I.-Wissenschaftsverlag, Mannheim 1994 (jetzt: Spektrum Akademischer Verlag).

====================

Gerecht teilen

Jeder, der mit Kindern zu tun hat, weiß, dass man sie äußerst gerecht behandeln muss. Wenn man eine attraktive Sache an sie verteilt, muss jeder „das Gleiche" bekommen. In Wirklichkeit ist es noch schwieriger: Jeder aus der Gruppe muss überzeugt sein, dass er seinen gerechten Anteil bekommt.

Dabei gibt's eine einfache Variante und eine schwierige. Im einfachen Fall will man nur erreichen, dass jede von n Personen überzeugt ist, dass sie mindestens 1/n erhalten hat. Bei der stärkeren (und schwierigeren) Variante muss am Ende jeder überzeugt sein, dass kein anderer mehr bekommen hat.

Eine Methode, dies bei *zwei* Kindern zu erreichen, ist das folgende Verfahren, das (jedenfalls bei den Eltern) sehr beliebt ist: Eines der Kinder teilt die Sache in zwei Teile, das andere darf auswählen. Die Strategie des ersten Kindes muss es sein, möglichst gerecht zu teilen, denn sonst würde das andere bestimmt das bessere Teil wählen.

Schwieriger wird's, wenn etwas unter *drei oder mehr* Kindern gerecht aufgeteilt werden muss. Die folgende raffinierte Methode funktioniert jedenfalls mathematisch einwandfrei:

Stellen wir uns vor, ein Pudding soll unter drei Kinder gerecht verteilt werden. Das erste Kind teilt die Gesamtmenge in drei Teile. Das zweite taxiert die einzelnen Portionen; wenn es glaubt, dass ein Teil zu groß sei, dann nimmt es vom seiner Meinung nach größten Teil etwas weg und gibt dies auf einen Extra-Teller.

Jetzt darf sich das dritte Kind eine Portion aussuchen. Danach ist das zweite wieder dran: Wenn das letzte Kind nicht diejenige Portion, die das zweite verkleinert hat, genommen hat, muss das zweite diese nehmen; ansonsten hat es freie Auswahl. (Damit wird gewährleistet, dass die verkleinerte Portion entweder vom dritten oder vom zweiten Kind genommen wird.) Das erste Kind muss dann nehmen, was übrig bleibt.

Es ist klar, dass das dritte zufrieden ist, denn es konnte sich ja die größte Portion aussuchen. Auch das zweite kann sich nicht beschweren. Es hatte die Chance, die zwei größten Portionen gleich groß zu machen, so dass es also eine Portion bekommt, die mindestens so groß ist wie die beiden andern. Auch das erste Kind wäre selbst schuld, wenn es eine zu kleine Portion erhalten hat, denn es hatte die Chance, den Pudding in drei gleich große Portionen zu verteilen – und der Teil, der vom zweiten Kind eventuell verkleinert wurde, ist schon vom dritten oder zweiten Kind genommen worden.

Der entstandene Rest wird nun nach derselben Prozedur geteilt.

Ein weiteres Verfahren für die schwache Form des gerechten Teilens unter drei Personen (jeder glaubt, mindestens $1/3$ erhalten zu haben), ist das folgende:

Stellen wir uns vor, wir hätten einen Kuchen, einen Schokoladenriegel oder etwas Ähnliches zu teilen. Eine neutrale Person, etwa die Mutter, fährt mit einem Messer langsam und gleichförmig (die Mathematiker sagen „stetig") über das begehrte Stück. Sobald eines der Kinder „Halt!" ruft, wird an der Stelle, an der das Messer in diesem Augenblick ist, abgeschnitten, und das Kind bekommt den bislang überstrichenen Teil. So geht's weiter.

Die beste Strategie für die Kinder ist, genau bei einem Drittel zu rufen. Denn wenn man zu früh ruft, bekommt man weniger als ein Drittel. Wenn man aber den Drittelpunkt verstreichen lässt, besteht die Gefahr, dass ein anderer „Halt!" ruft, und dann bekommt dieses Kind mehr als ein Drittel und für die restlichen beiden bleibt zusammen weniger als zwei Drittel.

Man muss das sehr genau erklären. Ich jedenfalls habe mit dieser Methode einen Reinfall erlebt: Ich hatte das Verfahren unseren beiden Kindern und einer Freundin genau erklärt, auch die Strategie beschrieben, alle wussten, was sie zu tun hatten – dachte ich. Ich fuhr mit dem Messer ganz langsam über das Schokoladenstück, erreichte ein Drittel, niemand sagte etwas, ich fuhr weiter, erreichte die Hälfte, zwei Drittel: immer noch kein Ton. Endlich hatte ich das ganze Stück überstrichen, ohne dass eines der Kinder sich gerührt hatte. Ich blickte auf: Die Kinder sahen mich mit großen Blicken an und wussten nicht, welches Wunder sich ereignet hatte.

Literaturhinweis:

S.J. Brams and A.D. Taylor: *An Envy-Free Cake Division Protocol.* Amer. Math. Monthly **102** (1995), 9-18.

===============

Wie findet frau den Mann ihrer Träume?

In vielen Situationen muss man unter einer bestimmten Anzahl von Möglichkeiten möglichst effizient die beste auswählen. Dabei ist zu Beginn noch völlig unbekannt, wie gut die einzelnen Möglichkeiten sind. Es könnte sich zum Beispiel darum handeln, unter allen Restaurants einer Stadt das beste für ein wichtiges Geschäftsessen auszuwählen.

Wir wollen die Frage an einem noch wichtigeren Problem erläutern: Wie wählt frau am effizientesten unter allen ihren Bekannten einen Mann für eine (kürzere oder längere) Affäre? Dabei geht sie nach der Methode „ex und hopp" vor: Bei jedem Mann entscheidet sie, ober er ihr Traummann ist oder nicht; wenn sie ihn abgelehnt hat, kann sie später nicht mehr auf ihn zurückgreifen.

Die allgemeine Strategie lautet: Teste eine gewisse Anzahl von Möglichkeiten und triff deine Wahl aufgrund der Testergebnisse. In unserem Beispiel wird also ein Teil der männlichen Bekannten einer Testprozedur unterzogen und dann trifft die Frau ihre Entscheidung.

Zwei Dinge sind klar:

- Sie sollte nicht den ersten Mann nehmen, denn wer weiß, was noch kommt. Mit anderen Worten: Sehr wahrscheinlich ist der „erstbeste" nicht der beste.

- Andererseits sollte sie auch nicht zu lange warten, denn dann hat sie mit großer Wahrscheinlichkeit den besten abgelehnt und muss sich also mit einem Mann minderer Qualität begnügen.

Daraus ergibt sich folgende Strategie: Sie testet eine gewisse Anzahl von Männern mit Hilfe eines Verfahrens, über das sie uns nichts zu verraten braucht – *und nimmt keinen von diesen!* Danach führt sie ihr Testverfahren weiter und nimmt dann den ersten, der besser als alle bisherigen ist.

Die Frage ist nur, wie viele Männer sich ohne Aussicht auf Erfolg dem Testverfahren unterwerfen müssen. Die Mathematiker haben bewiesen, dass die Frau 37% ihrer in Frage kommenden Bekannten testen soll. Genauer gesagt soll sie einen Bruchteil von $1/e$ testen, wobei $e \approx 2{,}718...$ die „Eulersche Zahl" ist. (Der Beweis ist nicht sehr schwer und kann in der angegebenen Literatur nachgelesen werden.) Interessanterweise ist der Prozentsatz unabhängig von der Zahl der Testmänner: Egal, ob sie 10 oder 1000 Heiratskandidaten ernsthaft in Erwägung zieht, stets ist die beste Strategie, zunächst 37% auszuprobieren und diese zu verwerfen.

Dabei ergeben sich – mindestens aus männlicher Sicht – verschiedene Fragen: Was ist, wenn ich, der Idealmann, unter den ersten 37% und damit von vornherein ausgeschlossen bin? Und was ist, wenn ich, der beste, erst am Ende getestet werde, und also gar nicht zum Zuge komme? Ist das nicht ein total unfaires Verfahren?

Nein! Dieses Verfahren ist das beste! Denn mit einer Wahrscheinlichkeit von immerhin $1/e \approx 37\%$ findet frau mit dieser Strategie tatsächlich den Mann ihrer Träume!

Literaturhinweis:

Das Problem ist in der Literatur unter dem Stichwort „Sekretärinnenproblem" zu finden. (Wie findet man unter n Kandidatinnen möglichst effizient die beste Sekretärin?) Eine gute Übersicht über dieses Problem bietet der folgende Artikel:

P.R. Freeman: *The Secretary Problem*. International Statistical Review **51** (1983), 189-206.

Wie weit können Backsteine überstehen?

Wir wollen Backsteine auf einem Tisch auftürmen. Dabei setzen wir den jeweils obersten nicht passend auf den unteren, sondern so, dass er ein bisschen nach außen ragt – aber so, dass der ganze Stapel hält!

Kann man die Backsteine so übereinander stapeln, dass der oberste Stein vollständig über dem Abgrund hängt? Kann man sie so stapeln, dass der oberste beliebig weit übersteht?

GNUSÖL: Mrut nehoh rhes nenie sad tbigre sgnidrella. Nehetsrebü tiew gibeileb eis ssad, nemrütfua os enietskcab hcilhcästat nnak nam!

Das Prinzip wird am Bild klar: Man fängt – in Gedanken – beim obersten Backstein an. Den zweitobersten legt man so, dass der oberste mit seiner *halben* Länge übersteht. Den drittobersten legt man so darunter, dass der zweitoberste um ein *Viertel* übersteht; der vierte Stein wird ein *Sechstel* zurückgesetzt und der fünfte ein *Achtel* zurückgesetzt.

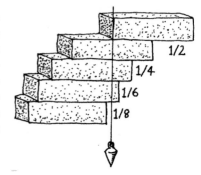

Man berechnet ohne Schwierigkeit

$$\frac{1}{2}+\frac{1}{4}+\frac{1}{6}+\frac{1}{8}=\frac{12+6+4+3}{24}=\frac{25}{24}>1.$$

Daher schwebt der oberste Stein völlig über dem Abgrund, und trotzdem hält der Turm, denn in jedem Schritt wird der nächste Stein so daruntergesetzt, dass der Turm hält.

Wenn man dieses Verfahren fortsetzt, kann man den Turm beliebig weit nach außen bauen. Die Regel lautet: Der i-te Stein von oben wird so gesetzt, dass er um genau ½ i seiner Länge nach hinten versetzt wird.

Dass man mit diesem Verfahren beliebig weit nach außen kommt, liegt daran, dass die unendliche Reihe

$$\sum_{i=1}^{\infty}\frac{1}{2i}$$

„divergiert", das heißt, größer als jeder vorgegebene Wert ist. Diese Reihe ist eng verwandt mit der „harmonischen Reihe"

$$\sum_{i=1}^{\infty}\frac{1}{i}\ (=1+\frac{1}{2}+\frac{1}{3}+\frac{1}{4}+\dots),$$

die seit Gottfried Wilhelm Leibniz (1646-1716) in der Mathematik eine große Rolle spielt.

Wer darf sich selbst rasieren?

Es war einmal ein kleines Dorf. In diesem Dorf gab es einen Barbier, der ein Schild an seinem Geschäft ausgehängt hatte, auf dem in altertümlicher Schrift geschrieben stand, dass er genau diejenigen rasieren würde, die sich nicht selbst rasieren:

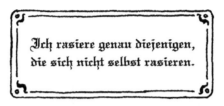

Man kann nicht sagen, dass das eine sehr aggressive Werbung war: Der Barbier begnügte sich damit, nur diejenigen zu rasieren, die das nicht selbst machen, und ließ also jedem die freie Wahl.

Niemand fiel etwas auf, bis sein kleiner Sohn lesen lernte. Wie jedes Kind in diesem Stadium versuchte er, alles zu entziffern, auch das Ladenschild. Als er das geschafft hatte, dachte er darüber nach und stellte dann seinem Vater die entscheidende Frage: „Darfst du dich eigentlich selbst rasieren?"

Der Vater tat die Frage ab, ohne zu ahnen, was sich da zusammenbraute: „Dumme Frage, das mache ich doch jede Woche zweimal!".

Der Sohn aber hakte so unschuldig und nervig nach, wie dies nur Kinder in einem gewissen Alter können: „Du bist also *nicht* einer von denen, die sich selbst *nicht* rasieren?"

„Was?", fragte der Vater, der natürlich nicht richtig zugehört hatte, „ich bin *nicht* einer von denen, die sich *nicht* ..., weil ich mich ja selbst ... Ja, das stimmt."

Darauf stellte der Sohn sachlich fest „Dein Schild sagt, dass du dich dann nicht selbst rasieren darfst!"

„Wie bitte?" brauste der Vater jetzt auf, weil er merkte, dass der Sohn wirklich etwas entdeckt hatte, was er nicht einfach so abtun konnte, „ich soll mich nicht ...?"

„Klar", unterstützte der Dorfbewohner, der gerade unter dem Messer war, den Sohn: „Auf deinem Schild steht: Du rasierst genau die, die sich nicht selbst rasieren. Also rasierst du diejenigen nicht, die sich selbst rasieren. Wenn du, mein lieber Barbier, dich aber selbst rasierst, darf der Barbier, also du, dich nicht rasieren!" Mit diesem Triumph erhob er sich und ließ den Vater konsterniert zurück. Dieser konnte nicht mal mit seinem Sohn schimpfen, da dieser offensichtlich recht hatte, und so brummelte er nur: „Blödes Schild!"

Literaturhinweis:

Dies ist eine etwas ausgeschmückte Version eines berühmten Paradoxons der Mengenlehre, das Bertrand Russell (1872-1970) gefunden hat. Mathematisch gesprochen geht es darum, dass es keine Menge geben kann, die alle Mengen als Element enthält. Hintergrundinformation dazu finden Sie in jedem Buch über Mengenlehre, zum Beispiel in

U. Friedrichsdorf, A. Prestel: *Mengenlehre für den Mathematiker*. Vieweg Verlag, Braunschweig, Wiesbaden 1985.

P.R. Halmos: *Naive Mengenlehre*. Vandenhoeck&Ruprecht, Göttingen 1969.

Halmos bemerkt in diesem Zusammenhang (S. 18) sehr schön: „Die Nutzanwendung liegt darin, dass es – insbesondere in der Mathematik – unmöglich ist, aus dem Nichts etwas zu schaffen. Zur Beschreibung einer Menge genügt es nicht, ein paar magische Worte auszusprechen, sondern man muss schon eine Menge zur Verfügung haben, auf deren Elemente sich diese magischen Worte anwenden lassen."

Untreue Ehemänner

In einem abgeschiedenen Dorf in den Abruzzen, wo der Dorfpriester noch etwas zu sagen hat, erklärte dieser eines Sonntags von der Kanzel: „Mir wurde gebeichtet, dass es in unserem Dorf Männer gibt, die ihren Frauen nicht treu sind. Das Beichtgeheimnis verbietet mir, die Namen zu nennen. Zur Strafe sollen dennoch alle die Namen der Übeltäter erfahren. Das wird aber ganz automatisch geschehen; ich selbst werde nicht das Geringste verraten. Ihr aber müsst das folgende tun:

Jede Frau, die sicher weiß, dass ihr Mann fremdgeht, soll ihn in der darauffolgenden Nacht aus dem Haus werfen!"

Es erhob sich ein ungläubiges Gemurmel, der Priester ließ sich aber nicht beirren, wiederholte seine Aufforderung und schickte die Gemeinde nach Hause.

Auch die Frauen wussten nicht, was sie tun sollten. Jede wusste zwar von allen *anderen* Ehemännern, ob sie treu waren oder nicht; nur ihr eigener Mann gab ihr Rätsel auf.

Am nächsten Morgen ging der Priester durch die Straßen, und er sah, dass kein einziger Mann vor die Tür gesetzt worden war. Ein Aufatmen ging durch die Gemeinde. Also war alles in Ordnung?

Aber der Priester machte ein geheimnisvolles Gesicht und kündigte an, dass er jetzt an jedem Tag einen Rundgang machen werde.

Aber auch am darauffolgenden Morgen sah er wieder niemand. Und auch am dritten Tag sah er bei seiner Inspektion keinen Delinquenten. Dies machte der Priester tage- und wochenlang. Zehn Tage, zwanzig Tage, fünfzig Tage, neunzig Tage, neunundneunzig Tage. Niemals sah er irgendwen.

Als er am hundertsten Tag durch sein Dorf ging, sah er aber Ehemänner, die von ihren Frauen vor die Tür gesetzt worden waren.

Wie viele?

GNUSÖL: Essarts red fua rennämehe euertnu trednuh uaneg nehets thcan netstrednuh red hcan.

Die Lösung ist teuflisch verzwickt, aber letztlich ganz einfach: Der Priester hat gesagt, und also wissen es alle, dass es mindestens einen Mann gibt, der seine Frau betrügt. Nehmen wir zunächst an, dass es nur einen untreuen Ehemann gäbe. Wie würde dessen Frau überlegen? Sie weiß von allen andern Männern, dass diese ihre Frauen nicht betrügen. Da sich aus den Worten des Priesters aber ergibt, dass es mindestens einen fremdgehenden Mann gibt, muss dieser ihr eigener sein, und sie hätte ihn, ohne zu zögern, rausgeworfen.

Da aber in der ersten Nacht keine Frau ihren Mann vor die Tür gesetzt hat, ist die Situation nicht so einfach, dass es nur einen untreuen Ehemann gibt. Vor der zweiten Nacht wissen also alle Frauen, dass es mindestens zwei untreue Ehemänner gibt.

Nehmen wir an, es gäbe nur zwei. Dann beobachtet die Frau jedes der beiden Übeltäter, dass unter allen anderen Ehemännern nur einer fremdgeht. Also muss auch ihr Mann ein Übeltäter sein und wird folglich vor die Tür gesetzt.

Da auch am zweiten Tag nichts dergleichen geschieht, muss es so sein, dass es mindestens drei untreue Ehemänner gibt.

Und so geht es weiter: In jeder Nacht, in der nichts geschieht, wissen die Frauen, dass es einen fremdgehenden Mann mehr gibt. Allgemein ist es so, dass die Frauen vor der n-ten Nacht wissen, dass es mindestens n untreue Ehemänner gibt.

Vor der hundertsten Nacht wissen sie also, dass es mindestens 100 Übeltäter gibt. Jede Frau eines der Übeltäter kennt aber nur 99, also muss ihr Mann dazugehören, und sie setzt ihn gnadenlos vor die Tür.

Dichtung und Wahrheit

Eine kleine Insel hat genau 100 Einwohner. Alle sind merkwürdige Typen, aber es gibt zwei Sorten: Ein Teil der Einwohner sagt stets die Wahrheit, während die anderen stets lügen.

Nun kommt ein Forscher auf die Insel und will herausfinden, wie viele Lügner auf der Insel wohnen. Dazu stellt er den Einwohnern der Reihe nach die Frage: „Wie viele Lügner gibt es auf eurer Insel?"

Der erste, den er fragt, antwortet: „Bei uns gibt es mindestens einen Lügner:" Der zweite antwortet: „Unter uns leben mindestens zwei Lügner" usw. Schließlich antwortet der letzte: „Es gibt mindestens 100 Lügner."

Wie viele Lügner gibt es wirklich?

GNUSÖL: Negül gizfnüf netztel eid, tiehrhaw eid negas gizfnüf netsre eid.

Zunächst machen wir uns klar, dass der erste die Wahrheit sagt. Denn wenn dieser lügen würde, so wäre seine Aussage „es gibt mindestens einen Lügner" falsch. Also würden alle die Wahrheit sagen, insbesondere er selbst. Dieser Widerspruch zeigt, dass die Aussage des ersten richtig ist.

Daraus schließen wir, dass der letzte lügt; denn dieser behauptet ja, dass alle lügen – der erste aber sagt die Wahrheit!

Nun ergibt sich, dass auch der zweite die Wahrheit sagt: Würde dieser lügen, so wäre seine Aussage „es gibt mindestens zwei Lügner" falsch; also gäbe es höchstens einen Lügner. Da es aber mindestens einen gibt, nämlich den letzten Interviewten, wäre dieser der einzige Lügner. Also wäre die zweite Person kein Lügner. Widerspruch!

Also lügt der Vorletzte; denn der behauptet ja, dass es mindestens 99 Lügner gibt. Wir haben uns aber schon überlegt, dass die ersten beiden nicht lügen, dass es also höchstens 98 Lügner gibt.

Und so weiter.

===========

Was Mathematiker nicht wissen
und nicht können

Viele Probleme, die Außenstehende für zentrale mathematische Fragen halten, sind für Mathematiker gänzlich unwichtig. Mathematiker wissen, dass viele dieser Fragen nicht objektiv beantwortbar sind, sondern auf Festlegungen beruhen, die prinzipiell willkürlich sind und auch ganz anders sein könnten.

Ein Mathematiker muss wissen, ob 0 eine natürliche Zahl ist. Mit anderen Worten: Er muss wissen, ob die natürlichen Zahlen mit 0, 1, 2, ... oder mit 1, 2, 3, ... beginnen.

Tatsächlich weiß der Mathematiker, dass es eine reine Geschmacksfrage ist, ob man die natürlichen Zahlen bei 0 oder bei 1 oder bei 50 oder bei –1000 beginnen lässt. Hauptsache, die Peano-Axiome gelten! Und wenn er erfährt, dass das DIN beschlossen hat, dass 0 eine natürliche Zahl ist, reagiert er sehr ungnädig und pocht auf seine Freiheit, selbst entscheiden zu dürfen, ob er die 0 zu den natürlichen Zahlen rechnet oder nicht.

Ein Mathematiker muss die Stellen von π bis zu jeder beliebigen Stelle runterrattern können.

Tatsächlich wissen Mathematiker auch bestenfalls $\pi = 3{,}14159\ldots$
Manchmal hört man ältere Kollegen noch das folgende Verslein murmeln

Wie, o dies π,
Macht ernstlich so vielen viele Müh!
Lernt immerhin, Jünglinge, leichte Verselein,
Wie so zum Beispiel dies dürfte zu merken sein!

(Die Anzahl der Buchstaben pro Wort ist 3, 1, 4, 1, 5, 9, 2, 6, 5, 3, 5, 8, 9, 7, 9, 3, 2, 3, 8, 4, 6, 2, 6, 4, also die ersten 24 Stellen von π.) In den Formeln der Mathematiker bleibt π meistens unausgerechnet stehen; sie sagen zum Beispiel: „Der Umfang dieses Kreises ist 10 π" und nicht: „Der Umfang dieses Kreises ist etwa 31,4159 ..."

Wer es aber ganz genau wissen möchte, kann den Wert von π aus Tabellen nachschlagen. Neuerdings kann man sich mehr als eine Million Stellen von π aus dem Internet holen.

===============

Ein Mathematiker muss jede Zahlenfolge fortsetzen können. Wenn ihm 2, 3, 5, 7, 11 genannt wird, so muss er nach Meinung vieler Nichtmathematiker darauf mit 13 antworten, weil das „offensichtlich" die Reihe der Primzahlen ist.

Tatsächlich sind die Mathematiker die denkbar ungeeignetsten Kandidaten für diese Sorte von Intelligenztest. Sie wissen nämlich nicht nur, dass sich eine solche Zahlenfolge durch jede beliebige weitere Zahl fortsetzen lässt, sondern sie sind vom Unsinn dieser Fragen so überzeugt, dass sie ganz sicher nicht mit „13" antworten, sondern zum Beispiel mit „15". („Niemand kann mir verbieten, die Folge mit der Zahl 15 fortzuführen"); diese Antwort ist natürlich nicht besonders intelligent, man kann aber auch, wie wir sofort sehen werden, vernünftigere Antworten geben.

Es gibt natürlich berühmte Folgen (die Folge der Quadratzahlen, die Folge der Kubikzahlen, die Folge der Primzahlen usw.) und diese haben jeweils einen charakteristischen Anfang. Zwei Mathematiker haben sich sogar die Mühe gemacht, über 2000 der „wichtigsten" Folgen in einem Buch zu sammeln und zu beschreiben (N. J. A. Sloane, S. Plouffe: *An Encyclopedia of Integer Sequences*, Academic Press 1995).

Heute ist eine verbesserte Version im Internet verfügbar: Wenn Sie an die Adresse sequences@research.att.com eine E-Mail schicken, in der Sie in einer Zeile nach dem Wort lookup die ersten Glieder einer Sie interessierenden Folge schicken, so erhalten Sie automatisch Auskunft über mögliche interessante Folgen, die Ihre Folge fortsetzen.

Zum Beispiel erhält man auf die Anfrage „lookup 2 3 5 7 11" vier Antworten. Es gibt also relativ viele „mathematisch vernünftige" Folgen, die mit 2, 3, 5, 7, 11 beginnen.

Welche? Probieren Sie's aus!

===============

Ein Mathematiker muss wissen, was 0^0 ist.

Über diese Frage gibt es eine lange Diskussion unter Mathematikern. Die überwiegende Mehrzahl argumentiert so: Da für alle x ≠ 0 die Gleichung

$x^0 = 1$ gilt, ist es sinnvoll, auch $0^0 := 1$ zu setzen. Eine andere Gruppe sagt: Da zum Beispiel für alle natürliche Zahlen $n \geq 1$ die Gleichung $0^n = 0$ gilt, wäre es auch sinnvoll $0^0 := 0$ zu definieren. Und natürlich gibt es auch noch ganz andere Ansichten...

In folgendem Artikel wird anhand von Computeralgebrasystemen erörtert, inwiefern die Definition $0^0 := 1$ sinnvoll ist:
W. Koepf: *Was ist* 0^0?. *Der Mathematikunterricht* **4** (1995), 65-71.

Ein Mathematiker muss gut im Kopf rechnen können.
Tatsächlich rechnen die wenigsten Mathematiker mit konkreten Zahlen. Wenn sie wirklich mal etwas ausrechnen müssen, verbringen sie zunächst viel Zeit damit, sich zu überlegen, ob man das nicht mit einem Trick einfach ausrechnen kann. Wenn sie es stur ausrechneten, würden sie höchstens die Hälfte der Zeit brauchen.

Ein Mathematiker muss mit großen Zahlen rechnen können.
Tatsächlich haben Mathematiker mit Rechenkünstlern, wie sie früher im Zirkus und heute bisweilen im Fernsehen auftreten, nichts gemein. Sie würden sich bei der Aufforderung „Berechnen Sie die dritte Wurzel aus 1860867" gar nicht erst ans Werk machen. Und wenn der Künstler ohne Nachzudenken die Antwort „123" gibt, so rechnet der Mathematiker zunächst penibel nach, dass wirklich $123^3 = 1860867$ ist, und erklärt dann: „Ja, wenn man weiß, dass das Ergebnis eine ganze Zahl ist, ist die Aufgabe viel leichter!"

Ein Mathematiker muss wissen, wie die Zahl 43 779 257 473 369 012 961 231 763 heißt.
Nein, die Benennungen der Zahlen („43 Quadrillionen, 779 Trilliarden 257 Trillionen 473 Billiarden 369 Billionen 12 Milliarden 961 Millionen 231 Tausend 763") sind ihm völlig gleichgültig, denn diese sind für seine Arbeit irrelevant. Für ihn genügt es zu wissen, dass man beliebig große Zahlen darstellen kann; interessant für ihn ist dagegen, möglichst effiziente Multiplikationsalgorithmen zu finden.

Ein Mathematiker muss wissen, wie man die Menge der nichtnegativen reellen Zahlen bezeichnet.

Nein, tatsächlich existiert eine Fülle von Bezeichnungen für diese Menge, zum Beispiel $\mathbf{R}^+$, $\mathbf{R}_>$, $\mathbf{R}_\geq$, $\mathbf{R}_{\geq 0}$, usw. Im Zweifelsfall fällt einem Mathematiker keine dieser Bezeichnungen ein und er erfindet spontan eine neue, erklärt aber, was er darunter versteht:

Sei $\mathbf{R}_{nn} = \{r \in \mathbf{R} \mid r \geq 0\}$ die Menge der nichtnegativen reellen Zahlen.

Ein Mathematiker muss wissen, ob die leere Menge wirklich existiert.

Tatsächlich hält ein Mathematiker diese Frage für unsinnig. Bestenfalls verweist er auf die axiomatische Mengenlehre.

Ein Mathematiker muss wissen, ob sich zwei parallele Geraden wirklich im Unendlichen treffen.

Dieses Problem übt eine große Faszination auf viele Menschen aus. Einer hat einmal, scheinbar schlau, argumentiert: Wenn die Unendlichkeit existiert, dann sind die Geraden nicht parallel; wenn sie aber nicht existiert, können sich die Geraden dort auch nicht schneiden.

Tatsächlich löst der Mathematiker dieses Problem ohne Esoterik. In der projektiven Geometrie lernt man, wie man zu einer Parallelenschar einen neuen, „unendlich fernen" Punkt so hinzufügen kann, dass die Geraden dieser Parallelenschar den neuen Punkt gemeinsam haben. Dies ist aber ein rein formaler Prozess, der nichts über die Existenz übersinnlicher Phänomene aussagt.

Ein Mathematiker muss wissen, was die 4. Dimension ist.

Tatsächlich sind ihm alle Dimensionen gleich, er rechnet in der Regel gleich n-dimensional, „weil das auch nicht schwerer ist".

Ein Mathematiker muss wissen, warum Minus mal Minus Plus ist.

Tatsächlich wird der Mathematiker sagen, dass diese Festlegung zwar sinnvoll ist, indem sie z.b. die ganzen Zahlen zusammen mit Addition und Multiplikation zu einem wichtigen algebraischen Objekt, nämlich einem „Ring" macht, aber, so sagt der Mathematiker, „man könnte das natürlich auch anders festlegen. Dann würde man eben eine andere algebraische Struktur erhalten." Darauf reagieren Nichtmathematiker mit empörtem Kopfschütteln.

Ein Mathematiker muss wissen, wie man ein reguläres 65537-Eck mit Zirkel und Lineal konstruiert.

Nein, Ihm genügt zu wissen, dass dieses Monstrum mit Zirkel und Lineal konstruierbar ist (denn $65537 = 2^{16} + 1$ ist eine „Fermatsche Primzahl").

Die Legende berichtet, dass die Mathematikprofessoren der Universität Königsberg in Preußen einem äußerst mittelmäßigen Studenten, der aber nicht davon abzubringen war, eine Doktorarbeit zu schreiben, genau diese Aufgabe stellten. Wer beschreibt ihr Erstaunen, als dieser Junker J. Hermes 1879, nach zehn Jahren, wiederkam mit einem Koffer, in dem ein Konvolut von zahlreichen, riesigen, dicht beschriebenen Blättern, aus denen die konkrete Konstruktion des regulären 65537-Ecks hervorgehen sollte. Die Legende berichtet weiter, dass Junker Hermes seinen Doktortitel bekam – wahrscheinlich aber nur deswegen, weil man ihn diesen Titel nur hätte verweigern können, wenn man einen Fehler gefunden hätte. Und dieser Mühe wollte sich keiner der Professoren unterziehen.

Der Koffer ist noch heute in der Bibliothek des Mathematischen Instituts der Universität Göttingen zu bewundern.

Der Fußball

Auch ein so alltäglicher Gegenstand wie der Fußball stellt sich bei näherer Betrachtung als sehr interessantes Objekt voller Geheimnisse heraus. Wenn man diesen Geheimnissen auf die Spur kommen möchte, muss man den Fußball „nur" richtig anschauen. Dann wird alles ganz einfach!

Was ist ein Fußball? Schon Alt-Bundestrainer Sepp Herberger wusste: „Der Ball ist rund". Ist das wahr? Ganz sicher ist seine Oberfläche nicht so glatt wie die einer idealen Kugel, sondern sie ist strukturiert. Ein Fußball ist aus verschiedenen Teilen zusammengesetzt. Wenn wir genauer hinschauen, erkennen wir Fünfecke und Sechsecke.

Der Fußball ist ein Körper, der aus regelmäßigen Fünfecken und Sechsecken zusammengesetzt ist. Wir können faszinierende Beziehungen entdecken, wenn wir fragen, *wie viele* Fünfecke und Sechsecke der Fußball hat.

Die Antwort ist leicht zu finden – wenn man richtig hinschaut! Wir halten ein Fünfeck nach oben und sehen, dass ein Fünfeck unten ist und die restlichen sich in zwei „Gürteln" zu je Fünfen gruppieren. Also ist die Anzahl der Fünfecke gleich 1 + 5 + 5 + 1 = 12.

Auch die Sechsecke kann man leicht zählen, zum Beispiel so: Wieder halten wir ein Fünfeck nach oben; an dieses grenzen ausschließlich Sechsecke an; dies sind fünf Sechsecke. Ebenso an das untere Fünfeck. Um den Äquator schlängelt sich eine Zickzacklinie von insgesamt zehn Sechsecken. Also besitzt der Fußball genau 5 + 10 + 5 = 20 Sechsecke.

Die Regelmäßigkeit geht noch weiter. Wir betrachten ein Fünfeck und fragen: Von welchen Flächen ist dies umgeben? Wir stellen fest: Nur von Sechsecken! Umgekehrt betrachten wir ein Sechseck und sehen: Dieses ist von drei Fünfecken und drei Sechsecken umgeben, und zwar so, dass diese sich schön abwechseln.

Wir fassen unsere Erkenntnisse übersichtlich in einer Tabelle zusammen.

Anzahl der Fünfecke	12
Anzahl der Sechsecke	20
Anzahl der Sechsecke, die an ein Fünfeck angrenzen	5
Anzahl der Fünfecke, die an ein Sechseck angrenzen	3

Man kann noch zahlreiche weitere Regelmäßigkeiten feststellen. Zum Beispiel fallen gewisse Punkte des Fußballs ins Auge, nämlich diejenigen Punkte, an denen mehr als zwei Teile zusammenstoßen. Diese Punkte nennt man die *Ecken* des Fußballs. Beim Fußball stoßen an jeder Ecke genau drei Teile zusammen, genauer gesagt zwei Sechsecke und ein Fünfeck.

Die Anzahl aller Ecken kann man mit unseren Kenntnissen auf verschiedene Weise bestimmen. Eine der sichersten Methoden ist die folgende: Jede Ecke hängt an einem Fünfeck und keine zwei Fünfecke haben eine Ecke gemeinsam. Also ist die Anzahl E aller Ecken gleich der Anzahl aller Fünfecke mal 5, also gleich $12 \cdot 5 = 60$.

Wir kommen einem weiteren Geheimnis auf die Spur, wenn wir die Anzahlen der Ecken, Kanten und Flächen vergleichen. Gerade haben wir uns überlegt, dass der Fußball genau $E = 60$ Ecken hat. Auch die Anzahl seiner Flächen kennen wir schon: 12 Fünfecke und 20 Sechsecke; also ist die Anzahl F der Flächen gleich 32. Nur bei der Anzahl K der Kanten müssen wir uns etwas überlegen: Jedes Fünfeck hat 5 Kanten und jedes Sechseck 6 Kanten; da andererseits jede Kante genau zwei Flächen begrenzt, können wir die Anzahl aller Kanten als $K = (12 \cdot 5 + 20 \cdot 6)/2 = 180/2 = 90$ berechnen.

Nun berechnen wir die Zahl $E - K + F$. Beim Fußball ergibt sich dafür die Zahl

$$60 - 90 + 32 = 2.$$

Na und? Daran soll etwas Besonderes sein? Ja! Das Besondere ist, dass sich dabei *immer* 2 ergibt. Für jeden Körper gilt $E - K + F = 2$. Für den Würfel, für das Oktaeder, für Körper, deren Seiten unregelmäßige Vielecke sind. Immer. Nur „konvex" muss der Körper sein, d.h. nirgends eingedellt sein. Dies ist der Inhalt der „Polyederformel" (siehe auch S. 55), die nach dem mathematischen Universalgenie Mathematiker Leonhard Euler (1707-1783) benannt wurde:

> **Eulersche Polyederformel:**
>
> *Für jeden konvexen Körper, der genau E Ecken, K Kanten und F Flächen hat, gilt*
>
> $$E - K + F = 2.$$

Das ist eine sehr nützliche Formel, denn sie sagt: Wenn man zwei der Zahlen E, K, F kennt, kann man die dritte ausrechnen. Zum Beispiel hätten wir mit dieser Formel die Anzahl der Kanten des Fußballs ganz einfach ausrechnen können. Wir hätten die Eulersche Polyederformel umgestellt und die Zahl K ausgerechnet:

$$K = E + F - 2 = 60 + 32 - 2 = 90.$$

Bisher haben wir durch richtiges Hinschauen faszinierende Eigenschaften des Fußballs entdeckt und dadurch den Fußball genauer *analysiert*. Jetzt stellen wir uns das entgegen gesetzte Problem der *Synthese* des Fußballs: Gegeben sei eine Menge von 12 regulären Fünfecken und 20 regulären Sechsecken mit gleicher Seitenlänge. Wie müssen wir diese Stücke zusammensetzen, um einen Fußball zu erhalten?

Eins ist klar: Wenn wir völlig planlos vorgehen, ergibt sich alles Mögliche, nur kein Fußball. Am besten machen wir uns im Kopf einen Plan und überlegen dabei, ob der Fußball herauskommt. Dafür ist es günstig, einen Fußball als Anschauungsobjekt vor sich zu haben. Sie können den vorher gebastelten oder einen echten Fußball betrachten und sich so gerüstet an die Gedankenarbeit machen.

Ans Werk! Wie sollen wir anfangen? Am besten starten wir mit einem Fünfeck. An dieses schließen fünf Sechsecke an, und diese Teile ergeben zusammen ein kleines „Körbchen".

An den Ecken, die eine „Einbuchtung" bilden, stoßen schon zwei Sechsecke an, also fehlt dort jeweils noch ein Fünfeck. Wenn wir diese eingefügt haben, stellen wir fest, dass zwischen die Fünfecke noch jeweils ein Sechseck passt.

Wie viele Teile haben wir schon verbraucht? Genau 6 Fünfecke und 10 Sechsecke, also genau die Hälfte unserer Teile. Und tatsächlich haben wir bereits einen „halben Fußball" gebastelt.

Damit ist klar, wie es weitergeht: Wir basteln auf genau die gleiche Art und Weise die zweite Hälfte, setzen die beiden Hälften zusammen – und erhalten einen ganzen Fußball!

Na und? Tatsächlich haben wir viel mehr gemacht, wir haben nämlich bewiesen, dass es nur einen Körper gibt, der aus regelmäßigen Fünfecken und Sechsecken besteht, so dass an jeder Ecke genau zwei Sechsecke und ein

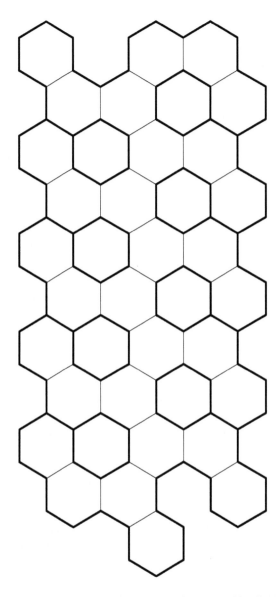

Dies ist ein Bastelbogen für einen Fußball. Kopieren Sie diese Seite (eventuell vergrößert). Schneiden Sie die Figur entlang der dicken Linien aus und falten Sie entlang der dünnen Linien. Wenn Sie den Körper zusammenfalten ergibt sich „ohne weiteres" ein Fußball, bei dem allerdings die Fünfeckseiten Löcher sind.

Fünfeck zusammenkommen. Dies ist zwar ein „informeller" Beweis, aber immerhin.

Die Untersuchung solcher Körper ist nicht neu, vielmehr wurden diese schon in der Antike studiert. Der große Archimedes hat vor 2000 Jahren Körper betrachtet, die von regelmäßigen Vielecken begrenzt werden, so dass der Körper von jeder Ecke und von jeder Kante aus gleich aussieht. Solche Körper heißen *archimedische* Körper.

Die Mathematiker haben bewiesen, dass es davon genau 18 Stück gibt. Unter diesen sind auch die fünf *platonischen* Körper (Tetraeder, Würfel, Oktaeder, Ikosaeder, Dodekaeder), für die es ein n gibt, so dass jede Seite ein regelmäßiges n-Eck ist.

Einer der 13 „echten" archimedischen Körper ist der Fußball, der in der Sprache der Mathematiker *Ikosaederstumpf* heißt; er ist dadurch ausgezeichnet, dass er einerseits relativ rund ist und andererseits aus vergleichsweise wenig Stücken zusammengesetzt werden kann.

Soviel zum Fußball. Wir haben dabei eine charakteristische Tätigkeit von Mathematikern kennen gelernt: richtig hinzuschauen. Mathematiker sind überzeugt: Wenn man ein Problem nur richtig anschaut, dann zeigt sich seine grundlegende Einfachheit. Insofern ist Mathematik das Gegenteil von schwierig, kompliziert und undurchschaubar – sie zeigt, wenn sie gut ist, dass die Dinge im Grunde ganz einfach sind.

━━━━━━━━━━

Das wäre ein guter Schluss gewesen. Aber noch sind wir nicht am Ende angelangt, denn die Geschichte hat ein überraschendes und spannendes Nachspiel.

Im Jahre 1985 entdeckten die Chemiker Harold W. Kroto von der University of Sussex (England) und Rick E. Smalley von der Rice University in Texas bei der Laserverdampfung von Graphit eine stabile Kohlenstoffverbindung C_{60}; die Bruttoformel C_{60} bedeutet, dass in diesem Riesenmolekül 60 Kohlenstoffatome vereinigt sind. In einem solchen Molekül bilden die 60 Kohlenstoffatome genau die Ecken eines winzigen Fußballs. Jedes Kohlenstoffatom hat hierbei drei Nachbarn; zu einem ist es doppelt, zu den beiden anderen nur einfach verbunden.

Dieses Molekül gehört zu den *Fullerenen*. Mathematisch gesehen ist ein Fulleren ein konvexer Körper, bei dem von jeder Ecke drei Kanten ausgehen und die Seiten Fünf- oder Sechsecke sind. Diese Moleküle wurden nach dem Architekten Buckminster Fuller benannt, der viele Gebäude in Kuppelform konstruiert hat, an die die Fullerene erinnern.

Es gibt verschiedene Arten von Fullerenen; alle sind Käfigverbindungen aus Fünf- und Sechsringen. Die Sechsringe entsprechen den Sechsringen beim Graphit (ebenfalls eine Kohlenstoffverbindung) und sind eben. Durch den Einbau von Fünfringen kann das Kohlenstoffnetzwerk gekrümmt werden. Mathematisch gesehen ist also auch das Dodekaeder ein Fulleren, da es nur Fünfeckseiten hat.

Fullerene gibt es in großer Vielfalt; so gibt es etwa 1760 kombinatorisch unterscheidbare Fullerene mit 60 Ecken, allerdings hat nur eines davon getrennte Fünfecke; das ist C_{60} alias „der Fußball". Chemisch entscheidend für die Stabilität eines Fullerens ist die „isolated pentagon rule": Ein Fullerenmolekül ist energetisch bevorzugt, wenn alle Fünfringe ausschließlich von Sechsringen umgeben sind.

Kroto selbst hat einen faszinierenden Bericht über die Entdeckung verfasst; dieser soll am Ende der langen Geschichte über die vielfältigen Aspekte des Fußballs stehen. Kroto war zu der Zeit in den USA.

Erleben Sie mit, wie die Chemie den Fußball entdeckte:

Was, um alles in der Welt, konnte C_{60} (?) sein? Während der nächsten Tage setzte das Rätsel um eine schlüssige Erklärung der Struktur unserer Beobachtungen eine ständige Diskussion in Gang. Am Montag, den 9. September [1985] wurde sie besonders intensiv, und wir kamen alle zu dem Schluß, daß C_{60} so etwas wie ein sphärischer Käfig sein müsse ...

In mir weckte diese Idee lebhafte Erinnerungen an Buckminster Fullers geodätische Kuppel auf der Weltausstellung 1967 in Montreal ... Ich wußte noch genau, wie ich 18 Jahre zuvor im Innern dieser unglaublichen Konstruktion herumgelaufen war ...

Mein zweiter Gedanke, der mich vor allem am Montag nicht mehr losließ, hing mit einem polyedrischen Pappmodell des Sternenhimmels zusammen. Ich hatte diese dreidimensionale Sternenkarte Jahre zuvor zusammengebaut ... Ich konnte mich aber noch erinnern, für mein Pappmodell nicht nur Sechsecke, sondern auch Fünfecke ausgeschnitten zu haben ... [Ich] war drauf und dran, meine Frau anzurufen und sie zu bitten, die Ecken dieser Pappkuppel zu zählen. Denn ich hatte das unbestimmte Gefühl, daß es genau sechzig waren...

Um unsere außergewöhnliche Entdeckung zu feiern, lud ich die ganze Gruppe an diesem Montagabend in das von uns allen geliebte mexikanische Restaurant ein ... Nach dem Essen gingen alle übrigen Mitglieder der Gruppe nach Hause, mich jedoch zog es noch einmal ins Labor. Ich wollte Marks' Buch über Buckminster Fuller noch einmal durchsehen, doch konnte es nirgends finden ...

Auch die anderen Mitglieder der Gruppe waren in der Nacht nicht untätig gewesen. Früh am nächsten Morgen rief mich Curl an und erzählte mir, daß Smalley mit einem geodätischen Papiermodell herumexperimentiert hatte, das aus

Sechsecken und Fünfecken *zusammengebaut war, so wie ich es in der Nacht zu-vor beschrieben hatte. Ich sollte so schnell wie möglich ins Labor kommen. Dort angelangt, mußte ich nur einen Blick auf Smalleys Papiermodell ... werfen, um sofort begeistert zu sein ...*

Dann fanden wir heraus, daß die C_{60}-Struktur, die wir im Kopf hatten, genau die Form eines Fußballs hat. Wir kauften uns also sofort einen Fußball und stell-ten unsere Fünfer-Mannschaft zum Foto auf ...

Seit der Fußballweltmeisterschaft 2006 gibt es einen neuen Fußball, der nicht nur anders aussieht, sondern auch strukturell anders ist. Er besteht ebenfalls aus zwei Sorten von Teilen, die aber nicht eckig, sondern „rund" sind. Man kann die auffälligen „schuhsohlenartigen" Teile und dreizipflige Teile unter-scheiden.

Aber auch dieser Ball steckt voller Mathematik. Auf die kommt man, wenn man die Teile zählt: Es gibt sechs Schuhsohlen und acht Dreizipfel. Und der geometrische Körper, der zu diesen Zahlen gehört, ist der Würfel mit seinen sechs Seiten und acht Ecken. In der Tat kann man sich ein „morphing" vorstel-len, das den Würfel in den WM-Fußball überführt.

Literatur

Die verschiedenen Seiten der Fullerene werden ausführlich in dem Buch

W. Krätschmer, H. Schuster: *Von Fuller bis zu Fullerenen. Beispiele einer inter-disziplinären Forschung.* Vieweg Verlag 1996

beleuchtet. Darin findet sich auch der Bericht von Kroto, aus dem oben zitiert wurde.

Das Schachbrett

Wenn man die richtige Idee hat, wird alles ganz einfach. Eine gute Idee haben, bedeutet oft „nur", das Problem richtig zu betrachten. Man braucht aber einen genialen Moment, um diesen richtigen Blickwinkel zu finden. Ein wunderschönes Beispiel dafür ist ein Problem der Überdeckung eines Schachbretts mit Dominosteinen.

Das Schachbrett hat in der Geschichte immer wieder in vielfältiger Weise mathematisches Denken beeinflusst. Neben eigentlichen Schachproblemen wurden und werden immer wieder Probleme der folgenden Art gestellt:

• *Turmproblem:* Auf wie viele Weisen kann man acht Türme auf einem Schachbrett aufstellen, so dass sich keine zwei gegenseitig schlagen können?

• *Problem des Rösselsprungs:* Wie muss man mit einem Springer ziehen, um das gesamte Schachbrett zu überspringen?

Wir studieren hier ein scheinbar harmloses, spielerisches Problem, das mit dem Schach*spiel* überhaupt nichts zu tun hat, aber für die Mathematik enorme Bedeutung hat. Wir stellen uns ein ganz normales Schachbrett vor, auf dem wir aber nicht Schach spielen werden.

Neben dem Schachbrett haben wir Dominosteine, mit denen wir aber – Sie ahnen es schon – nicht Domino spielen werden. Wir werden diese Steine nur dazu benutzen, das Schachbrett zu überdecken. Jeder Dominostein ist so groß, dass er genau zwei benachbarte Felder des Schachbretts überdeckt.

Wir stellen drei scheinbar ganz ähnliche, in Wirklichkeit aber völlig verschiedene Fragen, von denen die letzte den eigentlichen Pfiff enthält.

Einfache Frage: *Kann man die Felder des Schachbrett lückenlos mit Dominosteinen so überdecken, dass sich keine zwei Dominosteine überlappen?*

Natürlich, es gibt Tausende von Möglichkeiten, das zu tun; die einfachste ist die folgende:

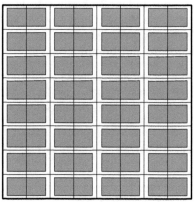

„Dumme" Frage: *Nun schneiden wir ein Feld des Schachbretts heraus, zum Beispiel ein Eckfeld. Kann man auch dieses „verstümmelte Schachbrett" lückenlos und überschneidungsfrei so mit Dominosteinen überdecken, dass kein Stein „übersteht"?*

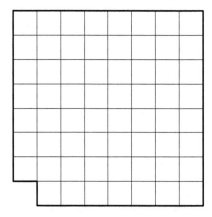

Zur Antwort müssen wir uns überlegen, wie viele Felder das verstümmelte Schachbrett hat. Das Originalschachbrett besitzt $8 \cdot 8 = 64$ Felder, also hat das verstümmelte genau 63 Felder. Wie viele Dominosteine bräuchten wir zur Überdeckung? Da 31 Steine nur 62 Felder überdecken, reichen 31 nicht; 32 Steine überdecken aber bereits 64 Felder, also sind 32 Steine zuviel.

Also ist die Antwort nein: Es gibt keine Überdeckung des verstümmelten Schachbretts. Blöd!

Interessante Frage: *Jetzt schneiden wir zwei Felder aus dem Schachbrett aus, und zwar gegenüberliegende Eckfelder. Kann man dieses „doppelt verstümmelte" Schachbrett lückenlos und überschneidungsfrei mit Dominosteinen überdecken?*

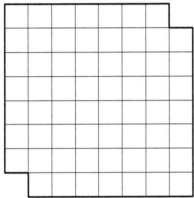

Auf den ersten Blick scheint nichts dagegen zu sprechen. Wir haben 62 Felder, und diese müssten mit 31 Steinen überdeckt werden.

Wohl jeder, der dies versucht, wird so anfangen, dass er in die unterste Reihe drei Steine legt und einen senkrecht stellt. Aber das geht nicht gut aus:

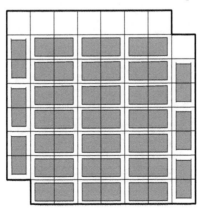

Man kann zwar noch problemlos drei Steine unterbringen, für den vierten wird es dann aber zu eng.

Auch andere Versuche schlagen fehl. Vielleicht geht es ja überhaupt nicht? Wie können wir uns überzeugen, dass es nicht geht? Mathematisch gesprochen: Wie können wir *beweisen*, dass es keine Lösung gibt? Wir müssten beweisen, dass keine der möglichen tausend und abertausend Ansätze zum Ziel führt! Aber kein Mensch wird alle diese Möglichkeiten auflisten und ausprobieren!

Was kann man da machen? Wir müssten alle diese unübersehbar vielen Fälle *auf einen Schlag* erledigen! Und genau das kann die Mathematik: Viele Fälle auf einen Schlag behandeln!

Aber wie? Dazu brauchen wir eine Idee!

Eine Idee zu bekommen, ist schwierig. Wenn man einen mathematischen Beweis liest, hat man oft den Eindruck, eine Idee „fällt vom Himmel". Das ist in gewissem Sinn auch der Fall.

Die richtige Idee zu haben, ist ein großes Glück. Diesen glücklichen Moment muss jemand einmal erlebt haben. Wir anderen können dann davon profitieren. Wenn wir die Beweisidee kennen, wird der Rest machbar.

Hier ist die Idee: Bislang haben wir nur ganz wenige Eigenschaften des Schachbretts benutzt, eigentlich nur seine äußeren Abmessungen. Jeder weiß aber, dass ein Schachbrett auch gefärbt ist; seine Felder sind abwechselnd schwarz und weiß gefärbt. Die Idee ist, diese Färbung zu betrachten:

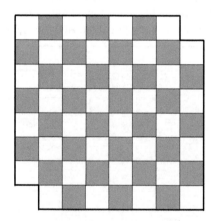

Wenn unsere Idee Erfolg haben soll, dann müssen wir zwei Dinge mit Hilfe dieser Färbung untersuchen: Einerseits das Schachbrett und andererseits die Dominosteine.

Zunächst schauen wir uns die *Dominosteine* an. Wenn ein Dominostein auf das Schachbrett gelegt wird, überdeckt er zwei benachbarte Felder, also zwei Felder verschiedener Farbe, ein weißes und ein schwarzes. – unabhängig davon, wo er liegt, ob waagrecht oder senkrecht.

Wenn wir zwei Dominosteine auf das Schachbrett legen, dann überdecken diese zusammen zwei weiße und zwei schwarze Felder. Allgemein gilt: Unabhängig davon, wie viele Dominosteine auf dem Schachbrett liegen, überdecken diese immer genauso viele weiße wie schwarze Felder! Fünf Dominosteine überdecken fünf weiße und fünf schwarze Felder, dreißig Dominosteine bedecken 30 weiße und 30 schwarze Felder. Keines mehr und keines weniger. Exakt.

Das ist eine Eigenschaft, die jede „Teilüberdeckung" und damit auch jede (hypothetische!) vollständige Überdeckung hat.

Nun betrachten wir das *Schachbrett*. Wieviel schwarze und wieviel weiße Felder hat das unverstümmelte Schachbrett? Von jeder Sorte gleich viele, also 32, in jeder Reihe genau vier weiße und vier schwarze.

Wieviel schwarze und wieviel weiße Felder hat das „doppelt verstümmelte" Schachbrett? Dazu müssen wir einfach überlegen, welche Felder entfernt wurden. Die entfernten Felder sind gegenüberliegende Eckfelder, und diese haben immer die gleiche Farbe. In unserem Beispiel haben wir zwei schwarze Felder entfernt.

Deshalb hat das „doppelt verstümmelte" Schachbrett genau so viele weiße Felder wie das Originalschachbrett, aber zwei schwarze Felder weniger. Im Klartext: Das „doppelt verstümmelte" Schachbrett hat genau 32 weiße und nur 30 schwarze Felder.

Zusammen erhalten wir folgende überraschende Erkenntnis: *Das „doppelt verstümmelte" Schachbrett kann mit Dominosteinen nicht lückenlos überdeckt werden!* Denn dazu müssten wir 32 weiße und 30 schwarze Felder überdecken. Jedes Arrangement von Dominosteinen erfasst aber gleich viele weiße wie schwarze Felder. Man kann bestenfalls 30 Dominosteine unterbringen, dann sind alle schwarzen Felder besetzt, aber zwei weiße sind noch leer. Diese können nie mit einem Dominostein überdeckt werden.

Unser Problem hat eine schöne Verallgemeinerung: Man kann ein m × n-Schachbrett (das ist ein „Schachbrett", das m Felder lang und n Felder breit ist) genau dann mit Dominosteinen der Länge a (und der Breite 1) überdecken, wenn m oder n ein Vielfaches von a ist. Der Beweis dieses Satzes verwendet zwar ebenfalls Färbungsmethoden, ist aber technisch schwieriger als der von uns behandelte Fall a = 2.

Zum Beispiel kann ein 6×6-Schachbrett *nicht* durch Dominosteine der Länge 4 überdeckt werden! Probieren Sie's aus, dieser Spezialfall (m = n = 6, a = 4) der allgemeinen Aussage kann durch systematisches Probieren gut gelöst werden.

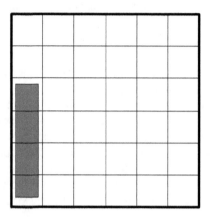

Kann ein quadratisches „Schachbrett" mit 36 Feldern durch neun „Dominosteine der Länge 4 überdeckt werden?

Um zu zeigen, dass dies nicht möglich ist, kann man annehmen, dass ein „Dominostein" an einer Ecke angrenzt.

Literatur

Das Schachbrettproblem scheint nur spielerische Mathematik zu sein, eigentlich noch gar keine „richtige" Mathematik. Unsere Aufgabe wurde zum ersten Mal von S. W. Golomb veröffentlicht und dann von Martin Gardner in seiner Kolumne in der Zeitschrift *Scientific American* popularisiert.

S. W. Golomb: *Checker Boards and Polyominoes*. Amer. Math. Monthly **61** (1954), 675-682.

Die Beiträge von Martin Gardner wurden gesammelt herausgegeben:

M. Gardner: *Mathematical Puzzles and Diversions*. Simon and Schuster 1959; deutsch: M. Gardner: *Mathematische Rätsel und Probleme*. Vieweg Verlag [6]1984.

Heute ist die Färbungsmethode zum Beweis kombinatorischer Eigenschaften eine ausgebaute Theorie und gehört zum Handwerkszeug jeden Mathematikers. Die jugendlichen Teilnehmer an den Mathematikolympiaden werden ganz besonders auf diese Techniken trainiert. Es spricht für den untrüglichen Instinkt Martin Gardners, dass er dieses Problem aufgegriffen und populär gemacht hat. Für weitere Beispiele siehe

E.B. Dynkin, W.A. Uspenski: *Mathematische Unterhaltungen I*. VEB Deutscher Verlag der Wissenschaften 1952.
und
A. Engel: *Problem Solving Strategies*. Springer 2008.

Simsalatik und Mathakadabra

Manchmal erinnert Mathematik an Zauberei. Und manche Zaubertricks beruhen „nur" auf Mathematik. Allerdings handelt es sich dabei nicht um Tricks, bei denen Kaninchen aus dem Zylinder gezaubert werden, die Wirklichkeit also scheinbar (!) aufgehoben wird, sondern um Tricks, die uns das Staunen darüber lehren, wie die Wirklichkeit wirklich ist.

Simsalatik und Mathakadabra – das klingt nur ganz entfernt nach Mathematik, und so soll's auch sein. Ich will Ihnen ein paar einfache Zaubertricks präsentieren. Allerdings Tricks einer ganz besonderen Sorte.

Es gibt Zaubertricks, bei denen der Vorführende eine irrsinnige Fingerfertigkeit braucht und jahrelang üben muss. Andere Tricks erfordern aufwendige Technik (Beispiel: Jungfrauen zersägen). Bei solchen Tricks wird einem etwas vorgegaukelt, es wird eine Illusion erzeugt; der Magier tut so, als ob er die Gesetze der Realität aufheben könnte.

Ganz anders bei unseren Tricks. Die sind ganz einfach zu erlernen: Keine Fingerfertigkeit, keine aufwendige Technik; jeder kann's! Warum? Weil die Tricks nicht die Wirklichkeit aufheben wollen, sondern zeigen, wie die Wirklichkeit wirklich ist. Sie lehren uns das Staunen über grundlegende mathematische Tatsachen.

Ich werde die Tricks jeweils vorstellen. Dann werde ich etwas machen, was eigentlich streng verboten ist, nämlich Tricks zu verraten, also sagen, was der Zauberer machen muss. Und dann werde ich jeweils noch den mathematischen Hintergrund erklären.

Erster Trick: Geheimes bleibt nicht geheim

Der Zauberer gibt einem Freiwilligen aus dem Publikum einige ganz normale Münzen und fordert ihn auf, einen Teil der Münzen in die rechte Hand und den Rest in die linke Hand zu nehmen – aber so, dass er dies nicht sieht.

Der Zauberer spricht: „Ich werde durch mathakadabrische Kräfte das Wissen erlangen, wie viele Münzen Sie in Ihrer rechten und wie viele Sie in Ihrer linken Hand haben. Wissen Sie noch, wie viele Sie links und wie viele Sie rechts haben? Gut.“

Nun fordert der Magier den Freiwilligen auf: „Multiplizieren Sie die Anzahl der Münzen in Ihrer linken Hand mit 5 ... (und merken Sie sich das Ergebnis). Multiplizieren Sie die Anzahl der Münzen in Ihrer rechten Hand mit 4. Haben Sie die Ergebnisse? Und nun zählen Sie bitte die beiden Produkte, das der linken Hand und das der rechten zusammen ... und nennen Sie mir das Endergebnis!“

Der Zuschauer sagt darauf beispielsweise „42“. Daraufhin macht der Zauberer etwas *Simsalatik und Mathakadrabra, dreimal schwarzer Kater*, fuchtelt geheimnisvoll mit seinem Zauberstab in der Luft herum und verkündet: „In der linken Hand haben Sie 6 und in der rechten 3 Münzen.“ Der Zuschauer öffnet seine Hände und alle stellen erstaunt fest, dass der Zauberer Recht hat.

Was muss der Zauberer tun?

Als ausführender Zauberer muss man auf zwei Dinge achten. Das wichtigste ist, dass es zwar so aussieht, als ob er dem Zuschauer eine zufällige Zahl von Münzen in die Hand gibt, in Wirklichkeit aber darauf achtet, dass er ihm *genau 9 Münzen* gibt.

Dann ist auch die Auflösung einfach: Man muss einfach von der genannten Zahl die „magische Zahl“ 36 abziehen und erhält die Anzahl der Münzen in der linken Hand (in unserem Fall ist 42–36 = 6). Die Anzahl der Münzen in der anderen Hand ergibt sich, indem man die erhaltene Zahl von der Gesamtzahl 9 der Münzen abzieht (in unserem Beispiel ist 9 – 6 = 3).

Warum funktioniert der Trick?

Ist das eigentlich Hokuspokus? Oder geht das auch ohne Zauberstab?

Ja! Und jeder kann es nachvollziehen. Man geht so vor wie oft in der Mathematik: Man muss den interessierenden Größen Namen geben und dann den Mut haben, mit diesen zu rechnen. Versuchen wir's:

Sei L die Anzahl der Münzen in der linken Hand und R die Zahl der Münzen in der rechten Hand.

Jetzt haben wir den uns interessierenden Größen Namen gegeben. Statt zu fragen „Wieviel Münzen sind in der linken Hand“ können wir jetzt fragen „Wie groß ist L?" Das scheint kein großer Unterschied zu sein, in Wirklichkeit ist es aber der Schlüssel zum Erfolg. Denn mit R und L können wir *rechnen*!

Was wissen wir über R und L? Zunächst eine ganz einfache Tatsache: Die Anzahl der Münzen in der linken Hand plus die Anzahl der Münzen in der rechten Hand ist die Gesamtanzahl der Münzen, also 9. In einer Gleichung geschrieben lautet dies:

$$L + R = 9.$$

Das ist ein bedeutender Fortschritt, denn diese Gleichung sagt, dass wir es im Grunde nur mit einer Unbekannten zu tun haben: Wenn wir L kennen, können wir R ausrechnen (R = 9 – L), und umgekehrt.

Als nächstes versuchen wir, den Rechenvorgang des Zuschauers nachzubilden, wobei R und L verwendet werden sollen. Zunächst sollte die Anzahl der Münzen der linken Hand mit 5 multipliziert werden; also musste der Zuschauer die Zahl $5 \cdot L$ bilden. Im zweiten Schritt sollte der Freiwillige die Zahl der Münzen der rechten Hand mit 4 multiplizieren; er berechnete also die Zahl $4 \cdot R$. Schließlich sollte er die beiden Ergebnisse addieren, also die Zahl $5 \cdot L + 4 \cdot R$ bilden. Dies ist die Zahl, die der Freiwillige dem Zauberer nennt. Wir nennen diese Zahl A. Damit haben wir:

$$A = 5 \cdot L + 4 \cdot R.$$

Dabei ist die Zahl A dem Zauberer bekannt, während er R und L gerne wissen möchte.

Wie kann das gehen? Dazu muss man noch berücksichtigen, dass R und L nicht unabhängig sind, sondern über die Gleichung L + R = 9 zusammenhängen.

Wir gestalten daher die Formel für A noch ein bisschen um, indem wir die Zahl R durch L ersetzen. Das sieht schwieriger aus als es ist.

Ihre Aufgabe besteht jetzt nur darin, die folgenden Zeilen *langsam zu lesen*:

$$
\begin{aligned}
A \quad &= 5 \cdot L + 4 \cdot R & \text{(obige Gleichung)} \\
&= 5 \cdot L + 4 \cdot (9 - L) & \text{(Einsetzen von } R = 9 - L) \\
&= 5 \cdot L + 4 \cdot 9 - 4 \cdot L & \text{(Ausrechnen)} \\
&= L + 36. & \text{(Zusammenfassen)}
\end{aligned}
$$

Wenn wir jetzt noch die Zahl 36 auf die linke Seite bringen, ergibt sich:

$$\boxed{A - 36 = L.}$$

In dieser Gleichung steckt alles drin: Dem Zauberer wird die Zahl A genannt. Die Gleichung sagt: Wenn man von A die Zahl 36 abzieht, erhält man L. Das ist das ganze Geheimnis!

Anregungen

Wenn man den Trick mehrfach vorführen will, so ist es nicht gut, immer genau 9 Münzen zu verwenden und immer die eine Hand mit 5 und die andere mit 4 multiplizieren zu lassen. Der Trick ist vollkommen robust: man kann ihn mit jeder beliebigen Anzahl von Münzen und beliebigen „Multiplikatoren" durchführen, wenn sie nur verschieden sind.

Allerdings muss man sich vorher die magische Zahl ausgerechnet haben, also diejenige Zahl, die der Zauberer vom genannten Ergebnis abziehen muss, um die Anzahl der Münzen in der linken bzw. rechten Hand zu erhalten.

Wenn Sie selbst überprüfen wollen, ob Sie obige Analyse verstanden haben, sollten Sie in der Lage sein, mit etwas Zeit und Geduld folgende Fragen zu beantworten:

- Welches ist die magische Zahl bei insgesamt 10 Münzen und Multiplikatoren 5 und 4?

- Welches ist die magische Zahl bei insgesamt 11 Münzen und Multiplikatoren 6 und 5?

- Ist es wichtig, den Multiplikator für die linke Hand größer als den für die rechte Hand zu wählen? Was passiert, wenn dies anders ist?

═══════════

Zweiter Trick: Magische Anziehungskraft

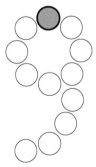

Der Zauberer hat auf einer Tafel folgende „magische Neun" aufgemalt. Dabei ist eine Stelle besonders hervorgehoben. Hier kann zum Beispiel eine kleine Belohnung angebracht oder eine Nachricht versteckt sein.

Wieder bittet der Zauberer einen Zuschauer, ihm zu assistieren. Dieser wird gebeten, sich eine Zahl zu denken. Der Zauberer muss nur darauf achten, dass diese Zahl groß genug ist (in unserem Fall mindestens 5).

Dann wird der Zuschauer aufgefordert, am Schwanz der Neun mit der Zahl 1 beginnend, in die Neun hineinzuzählen, und zwar so weit, wie die von ihm gewählte Zahl angibt. Wenn er dabei den „Kreis" der Neun mehrmals durchlaufen muss, schadet das nichts. Der Freiwillige merkt sich diese Stelle und geht ein Feld zurück.

Von diesem Feld aus beginnt er jetzt *rückwärts* zu zählen, und zwar genau so lange, wie seine gewählte Zahl angibt.

Der Zauberer deutet dies an: Wenn Ihre Zahl zum Beispiel 12 ist, so beginnen Sie hier, zählen so lange bis Sie bei 12 angelangt sind, gehen ein Feld zurück und zählen von da aus nochmals 12 Felder in die andere Richtung.

Wenn der Zuschauer diesen Anweisungen folgt, wird er unfehlbar auf dem vorher vom Zauberer speziell gekennzeichnetem magischen Feld landen: Unabhängig von der gewählten Zahl wird er von diesem Feld magisch angezogen.

Was muss der Zauberer tun?

Der Magier muss zunächst das Feld bestimmen. Am einfachsten macht er dies so, dass er in die Rolle des Freiwilligen schlüpft, sich eine Zahl wählt, und die oben beschriebene Prozedur durchführt. Da er „weiß", dass bei jeder Zahl dasselbe Feld getroffen wird, muss er nur einen Test durchführen.

Ganz wichtig ist es, dem Zuschauer idiotensicher zu erklären, was er zu tun hat. An eigentlichem „Magischen" muss er nichts tun!

Warum funktioniert der Trick?

Zur mathematischen Analyse des Problems müssen wir uns nur klar machen, auf welche Felder der Zuschauer beim Zählen geführt wird. Wir überlegen uns das an einem Beispiel. Angenommen, der Zuschauer hat sich die Zahl 12 gedacht.

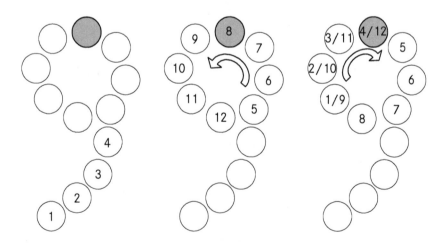

Der Zuschauer zählt bis 4, bevor er den Kreis erreicht hat. Danach muss er die acht Zahlen 5, 6, ..., 12 *gegen* den Uhrzeigersinn zählen. Danach geht er ein Feld zurück und zählt dann 12 Felder *im* Uhrzeigersinn.

Wenn der Zuschauer die Zahl 13 gewählt hätte, würde er beim „gegen den Uhrzeigersinn zählen" ein Feld weiterkommen, müsste aber beim anschließenden „im Uhrzeigersinn zählen" auch ein Feld mehr zurückzählen. Er würde also auch in diesem Fall auf das gleiche Feld kommen.

Das ist immer so: Unabhängig von der gewählten Zahl erreicht der Zuschauer stets das gleiche Zielfeld.

Anregung:
Wenn Sie den Trick öfters vorführen, sollten Sie die Anzahl der Felder, aus denen die Neun zusammengesetzt ist, variieren. Das „magische" Feld finden Sie dadurch leicht heraus, dass Sie einmal mit einer beliebigen Zahl ausprobieren, wo Sie landen. Die mathematische Analyse sagt uns, dass man dann mit jeder Zahl dieses Feld erreicht.

═══════════

Dritter Trick: Magische Zahlen

Der Magier legt zwölf Karten aus, so dass sie einen Kreis bilden. Das können Spielkarten sein. Wenn man keine zur Hand hat, kann man auch einfach „Karten" auf ein Blatt Papier malen.

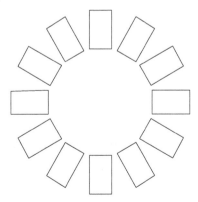

Zwölf Karten, von denen sich der Zuschauer eine heimlich gemerkt hat.

Der Zauberer fordert einen Zuschauer auf, eine Karte auszuwählen, diese ihm aber nicht zu verraten. (Der Zauberer kann sich wegdrehen, damit der Mitspieler seine Wahl den anderen Zuschauern zeigen kann.)

Dann erzählt der Zauberer, dass 3 und 7 heilige Zahlen sind, und dass daher 37 eine besonders heilige Zahl ist. Dies werde sich jetzt in besonders eindrücklicher Weise zeigen.

Er bittet den Zuschauer, intensiv an seine gewählte Karte zu denken und dann, mit dieser Karte beginnend gegen den Uhrzeigersinn auf 37 zu zählen.

Und es geschieht ein Wunder! Wenn der Zuschauer bis 37 gezählt hat, ist er genau bei seiner gedachten Karte angekommen.

Der Zauberer gratuliert ihm und weist nochmals darauf hin, dass dieses Wunder ganz sicher von der besonderen Magie der Zahl 37 kommt.

Was muss der Zauberer tun?

Der Zauberer kann sich darauf beschränken, erstens dem Zuschauer genau zu erklären, was er zu tun hat (mit der gedachten Karte beginnend gegen den Uhrzeigersinn bis 37 zu zählen) und zweitens Erstaunen über die „magische" Zahl 37 zu heucheln.

Der Trick funktioniert immer. (Übrigens kann der Zauberer den Zuschauer auch auffordern, *mit dem* Uhrzeigersinn zu zählen.)

Warum funktioniert der Trick?

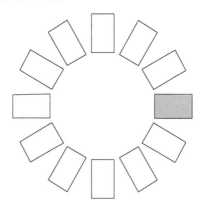

Der Zuschauer hat sich eine bestimmte Karte gemerkt.
Er beginnt bei dieser Karte leise zu zählen: Eins, zwei, drei, ...
Wenn er bis 13 gezählt hat, ist er wieder bei seiner gemerkten Karte.
Wann ist er das nächste Mal bei seiner Karte?
Wenn er auf 25 gezählt hat! Und das nächste Mal?
Wenn er bei 37 angelangt ist.

Auf welche Eigenschaft der Zahl 37 kommt es an? Wir fragen dazu etwas umfassender: Welche Zahlen haben die Eigenschaft, dass man mit ihnen wieder auf der gedachten Karte landet? Die ersten Zahlen sind 13, 25 und 37. Die nächste ist ... 49, dann kommt 61 und dann 73.

Das sind genau die Zahlen von der Form $12 k + 1$. Klar: Wenn man auf 12 zählt, bleibt man auf der Karte vor der gedachten stehen, ebenso bei 24, 36 usw. Wenn man noch 1 dazuzählt ist man bei der gedachten Karte angelangt.

Also hat nicht nur die Zahl 37 die „magische" Eigenschaft, sondern ebenso zum Beispiel die „magischen" Zahlen 73, 373 und 37373737. Aber natürlich gibt es noch viel mehr Zahlen, die den Zuschauer zwangsläufig zu seiner Karte zurückführen.

Anregung

Wenn Sie den Trick mehrfach vorführen, sollten Sie die Anzahl der Karten verändern. Als magische Zahl dient dann jede, die ein Vielfaches der Anzahl der Karten plus eins ist.

Wenn Sie zum Beispiel 16 Karten auslegen, sind 33 und 49 „magische" Zahlen.

Literatur

Der Klassiker ist

M. Gardner: *Mathemagische Tricks*. Vieweg Verlag 1981.

In Kapitel 2 des folgenden Buches habe ich einige mathematische Zauberkunststücke gesammelt und analysiert:

A. Beutelspacher: *Luftschlösser und Hirngespinste*. Vieweg Verlag 1986.

Mathematiker
oder
Was sind das für Menschen?

Hier finden Sie:

- Sprüche über Mathematik und Mathematiker

- Einen Aufruf zur Verständlichkeit in der Mathematik

- Witze über Mathematik und Mathematiker

- Eine nichtrepräsentative Galerie mathematischer Charakterköpfe

Mathematiker über Mathematik

Natürlich haben Mathematiker eine Meinung über ihre Wissenschaft, über Mathematiker und über Nichtmathematiker. Ihre Meinungsäußerungen sind aber nur selten genau so rational nüchtern begründet wie ein mathematischer Satz. Wir geben die sich zum Teil widersprechenden Meinungen kommentarlos wieder.

Es gibt Dinge, die den meisten Menschen unglaublich erscheinen, die nicht Mathematik studiert haben.

Archimedes (287-212 v. Chr.)

Können wir uns dem Göttlichen auf keinem anderen Wege als durch Symbole nähern, so werden wir uns am passendsten der mathematischen Symbole bedienen, denn diese besitzen unzerstörbare Gewissheit.

Nicolaus von Cues (1401-1464)

Das Wissen vom Göttlichen ist für einen mathematisch ganz Ungebildeten unerreichbar.

Nicolaus von Cues

Die Natur spricht die Sprache der Mathematik: die Buchstaben dieser Sprache sind Dreiecke, Kreise und andere mathematische Figuren.

Galileo Galilei (1564-1642)

Von allen, die bis jetzt nach Wahrheit forschten, haben die Mathematiker allein eine Anzahl Beweise finden können, woraus folgt, dass ihr Gegenstand der allerleichteste gewesen sein müsse.

René Descartes (1596-1650)

Die Mathematiker, die nur Mathematiker sind, denken also richtig, aber nur unter der Voraussetzung, dass man ihnen alle Dinge durch Definitionen und Prinzipien erklärt; sonst sind sie beschränkt und unerträglich, denn sie denken nur dann richtig, wenn es um sehr klare Prinzipien geht.

Blaise Pascal (1623-1662)

Die Mathematik ist eine Art Spielzeug, welches die Natur uns zuwarf, um uns in diesem Jammertal zu trösten und zu unterhalten.

Jean-Baptist le Rond d'Alembert (1717-1783)

Die Phantasie arbeitet in einem schöpferischen Mathematiker nicht weniger als in einem erfinderischen Dichter.

Jean-Baptist le Rond d'Alembert

Die sogenannten Mathematiker von Profession haben sich, auf die Unmündigkeit der übrigen Menschen gestützt, einen Kredit von Tiefsinn erworben, der viel Ähnlichkeit mit dem von Heiligkeit hat, den die Theologen für sich haben.

Georg Christoph Lichtenberg (1742-1799)

Die Mathematik ist eine gar herrliche Wissenschaft, aber die Mathematiker taugen oft den Henker nicht. Es ist fast mit der Mathematik wie mit der Theologie. So wie die letzteren Beflissenen, zumal wenn sie in Ämtern stehen, Anspruch auf einen besonderen Kredit von Heiligkeit und eine nähere Verwandtschaft mit Gott machen, obgleich sehr viele darunter wahre Taugenichtse sind, so verlangt sehr oft der so genannte Mathematiker für einen tiefen Denker gehalten zu werden, ob es gleich darunter die größten Plunderköpfe gibt, die man finden kann, untauglich zu irgend einem Geschäft, das Nachdenken erfordert, wenn es nicht unmittelbar durch jene leichte Verbindung von Zeichen geschehen kann, die mehr das Werk der Routine, als des Denkens sind.

Georg Christoph Lichtenberg

Ich glaube, dass es, im strengsten Verstand, für den Menschen nur eine einzige Wissenschaft gibt, und diese ist reine Mathematik. Hierzu bedürfen wir nichts weiter als unseren Geist.

Georg Christoph Lichtenberg

Man darf nicht das, was uns unwahrscheinlich und unnatürlich erscheint, mit dem verwechseln, was absolut unmöglich ist.

Carl Friedrich Gauß (1777-1855)

Die ganzen Zahlen hat der liebe Gott geschaffen, alles andere ist Menschenwerk.

Leopold Kronecker (1823-1891)

Alle Pädagogen sind sich darin einig: man muss vor allem tüchtig Mathematik treiben, weil ihre Kenntnis fürs praktische Leben größten direkten Nutzen gewährt.

Felix Klein (1849-1925)

So kann also die Mathematik definiert werden als diejenige Wissenschaft, in der wir niemals das kennen, worüber wir sprechen, und niemals wissen, ob das, worüber wir sprechen, wahr ist.

Bertrand Russell (1872-1970)

Manche Menschen haben einen Gesichtskreis vom Radius Null und nennen ihn ihren Standpunkt.

David Hilbert (1862-1943)

Es kann nicht geleugnet werden, dass ein großer Teil der elementaren Mathematik von erheblichem praktischen Nutzen ist. Aber diese Teile der Mathematik sind, insgesamt betrachtet, ziemlich langweilig. Dies sind genau diejenigen Teile der Mathematik, die den geringsten ästhetischen Wert haben. Die „echte" Mathematik der „echten" Mathematiker, die Mathematik von Fermat, Gauß, Abel und Riemann ist fast völlig „nutzlos".

Godefrey Harold Hardy (1877-1947)

Insofern sich die Sätze der Mathematik auf die Wirklichkeit beziehen, sind sie nicht sicher, und insofern sie sicher sind, beziehen sie sich nicht auf die Wirklichkeit.

Albert Einstein (1879-1955)

Nicht etwa, dass bei größerer Verbreitung des Einblicks in die Methode der Mathematik notwendigerweise viel mehr Kluges gesagt würde, aber es würde sicher viel weniger Unkluges gesagt.

Karl Menger (1902-1985)

Gott existiert, weil die Mathematik konsistent ist; der Teufel existiert, weil wir es nicht beweisen können.

André Weil (geb. 1906)

Gott ist ein Kind, und als er zu spielen begann, trieb er Mathematik. Sie ist die göttlichste Spielerei unter den Menschen.

V. Erath

Zu Beginn dieses Jahrhunderts wurde ein selbstzerstörerisches demokratisches Prinzip in die Mathematik eingeführt (vor allem durch Hilbert), nach dem alle Axiomensysteme das gleiche Recht auf Analyse haben und der Wert einer mathematischen Leistung nicht durch seine Bedeutung und seinen Nutzen für andere Disziplinen bestimmt wird, sondern allein durch seine Schwierigkeit, wie beim Bergsteigen. Dieses Prinzip führte schnell dazu, dass die Mathematiker mit der Physik brachen und sich von allen anderen Wissenschaften abschotteten. In den Augen aller normalen Leute verwandelten sie sich in eine obskure priesterliche Kaste ... Merkwürdige Fragen wie Fermats Problem oder Summen von Primzahlen wurden zu angeblich zentralen Problemen der Mathematik erhoben.

Vladimir Igorewitsch Arnold (geb. 1937)

Strukturen sind die Waffen der Mathematik.

Nicolas Bourbaki

Nichtmathematiker
über die Mathematik

Auch Nichtmathematiker haben eine Meinung über Mathematik. Diese zeugt – nach Ansicht der Mathematiker – nicht selten von totaler Unkenntnis dieser Wissenschaft. Dennoch treffen einige dieser Sprüche ins Schwarze. Auch zu diesen Meinungsäußerungen sollten Sie sich Ihre eigene Meinung bilden.

Der gute Christ soll sich hüten vor den Mathematikern und all denen, die leere Vorhersagen zu machen pflegen, schon gar dann, wenn diese Vorhersagen zutreffen. Es besteht nämlich die Gefahr, dass die Mathematiker mit dem Teufel im Bunde den Geist trüben und den Menschen in die Bande der Hölle verstricken.

Augustinus (354-430)

Das ist ein Mittel, das Paradies nicht zu verfehlen: auf der einen Seite einen Mathematiker, auf der anderen einen Jesuiten; mit dieser Begleitung muss man seinen Weg machen, oder man macht ihn niemals.

Friedrich der Große (1712-1786)

Gute Sitten haben für die Gesellschaft mehr Wert als alle Berechnungen Newtons.

Friedrich der Große

... dass in jeder besonderen Naturlehre nur soviel eigentliche Wissenschaft angetroffen werden könne, als darin Mathematik anzutreffen ist.

Immanuel Kant (1724-1804)

Mit Mathematikern ist kein heiteres Verhältnis zu gewinnen.

Johann Wolfgang von Goethe (1749-1832)

Die Mathematiker sind eine Art Franzosen, redet man zu ihnen, so übersetzen sie es in ihre Sprache, und alsbald ist es etwas ganz anderes.

Johann Wolfgang von Goethe

Er ist ein Mathematiker und also hartnäckig.

Johann Wolfgang von Goethe

Die Mathematik ist wie die Gottseligkeit zu allen Dingen nütze, aber wie diese nicht jedermanns Sache.

Chr. J. Kraus (1753-1807)

Die mathematische Kraft ist die ordnende Kraft. – Der Begriff der Mathematik ist der Begriff der Wissenschaft überhaupt. Alle Wissenschaften sollen daher Mathematik werden. – Das höchste Leben ist Mathematik. – Das Leben der Götter ist Mathematik. – Reine Mathematik ist Religion. – Wer ein mathematisches Buch nicht mit Andacht ergreift und es wie Gottes Wort liest, der versteht es nicht. – Alle göttlichen Gesandten müssen Mathematiker sein.

Novalis (1772-1801)

Dass die niedrigste aller Tätigkeiten die arithmetische ist, wird dadurch belegt, dass sie die einzige ist, die auch durch eine Maschine ausgeführt werden kann. Nun läuft aber alle analysin finitorum et infinitorum im Grunde doch auf Rechnerei zurück. Danach bemesse man den „mathematischen Tiefsinn".

Arthur Schopenhauer (1788-1860)

Das Einmaleins ist mir bis auf diese Stunde nicht geläufig.

Franz Grillparzer (1791-1872)
in seiner Autobiographie

Wer sich keinen Punkt denken kann, der ist einfach zu faul dazu.

Mathematiklehrer Brenneke
in Wilhelm Buschs (1832-1908) „Eduards Traum"

$1 \cdot 1 = 1$, unzweifelhaft. Aber $(1)^2$ ist nicht 1, weil das Quadrat von einer gegebenen Zahl größer sein muss als die Zahl selbst. Die Wurzel aus 1 kann logischerweise nicht 1 sein, weil die Wurzel aus einer Zahl kleiner sein muss als die Zahl selbst. Aber mathematisch oder formal ist $\sqrt{1} = 1$. Die Mathematik widerspricht in diesem Falle der Logik oder der reinen Vernunft, und darum ist die Mathematik in diesem Kardinalfalle vernunftwidrig. Auf dieser Sinnlosigkeit, der 1, bauen sich dann alle Werte auf, und in diesen falschen Werten fußt die mathematische Wissenschaft, die „einzig exakte, unfehlbare". Aber dies ist Mathematik! Ein artiges Spiel für Leute, die nichts zu tun haben.

August Strindberg (1849-1912)

Das Grundprinzip ist auch hier eine unberechtigte Anwendung einer logischen Methode auf Fälle, die streng genommen nicht darunter zu subsumieren sind, oder die Betrachtung solcher Gebilde als Zahlen, die gar keine rechten Zahlen

sind. Negative Zahlen sind ein Selbstwiderspruch, wie alle Mathematiker zuge-
ben.

Hans Vaihinger (1852-1933)

Die Mathematik ist dem Liebestrieb nicht abträglich.

Paul Möbius (1853-1907), Verfasser von
„Der physiologische Schwachsinn der Frau"

Sein Gehirn wächst ständig, wenigstens was die Teile anbelangt, die sich mit Ma-
thematik befassen. Sie quellen immer größer auf ... Seine Stimme wird zum blo-
ßen Schnarren, das für die Wiedergabe von Formeln ausreicht. Die Fähigkeit des
Lachens geht ihm verloren, falls es sich nicht gerade um die plötzliche Ent-
deckung eines paradoxen Problems handelt. Am tiefsten fühlt er sich bewegt,
wenn er eine neue rechnerische Aufgabe löst.

H.G. Wells (1866-1946)

Religion und Mathematik sind nur verschiedene Ausdrucksformen derselben
göttlichen Exaktheit.

Michael Faulhaber (1869-1952)

Die Mehrheit bringt der Mathematik Gefühle entgegen, wie sie nach Aristoteles
durch die Tragödie geweckt werden sollen, nämlich Mitleid und Furcht. Mitleid
mit denen, die sich mit der Mathematik plagen müssen, und Furcht: dass man
selbst einmal in diese gefährliche Lage geraten könne.

Paul Epstein (1883-1966)

Ich wenigstens kenne keine vollbefriedigende Erklärung dafür, warum jede unge-
rade Zahl (von 3 ab), mit sich selbst multipliziert, stets ein Vielfaches von 8 mit
1 als Rest ergibt.

Erich Bischoff, Erforscher der Kabbalah, 1920

Die Angst der Mathematiker vor der Verständlichkeit

Mathematiker leiden an Kommunikationsunfähigkeit. Sie sind nicht nur überzeugt, dass ihre Wissenschaft Nichtmathematikern grundsätzlich nicht vermittelt werden kann, sondern sie glauben auch, dass ihre Kollegen nichts davon verstehen. Dabei ist es nicht unmöglich, Mathematik zu vermitteln. Man muss nur wollen – und können.

Ein typischer mathematischer Vortrag läuft wie folgt ab: Nachdem der Gastredner durch den gastgebenden Professor vorgestellt wurde, erhebt sich der Redner, geht nach vorne, lächelt unsicher ins Publikum, sucht unkonzentriert und wie ein Blinder herumtappend ein Stück Kreide. Wenn er dies gefunden hat, hat er bereits eine gewisse Sicherheit gewonnen, er lächelt nochmals, wendet sich der Tafel zu (und damit endgültig vom Publikum ab) und beginnt seinen Dialog mit seinem wichtigsten Kommunikationspartner, der großen Wandtafel. Er schreibt Wörter an die Tafel, die einzeln verständlich sind, deren Zusammenstellung aber andeutet, dass er eine fremde Sprache spricht, und während er diese Wörter zusammen mit merkwürdigen Symbolen anschreibt, spricht er das, was er anschreibt, stammelnd nach: *Sei G eine Gruppe, die scharf fahnentransitiv auf einer klassischen projektiven Ebene operiert ...*

Und so geht dies in monotonem Singsang 45 Minuten oder, wenn man Pech hat, eine ganze Stunde lang weiter. Dann kann man, wenn man ganz genau hinhört, an dem noch monotoner werdenden Stammeln erkennen, dass das Ende nahe herbeigekommen ist. Dieses tritt völlig unerwartet und ohne jede Ankündigung ein: Der Vortragende beschränkt sich auf ein „Das ist alles, was ich erzählen wollte", lächelt nochmals, und man hat den Eindruck, dass es ihm jetzt am liebsten wäre, der Boden täte sich auf und verschlänge ihn.

Wie erlebt ein Zuhörer dieses Schauspiel? Genauer gefragt: Wie kann man als Zuhörer eine solche Performance überleben? Bereits nach dem ersten Satz ist auch ein Profimathematiker, der nicht gerade zu den 30 Spezialisten der Welt gehört, die dieses Spezialgebiet aus dem ff beherrschen, auf dem gleichen Stand wie jeder andere: Er versteht nur noch Bahnhof. In der Regel versucht man noch ein paar Minuten lang, Haltung zu bewahren und wenigstens so zu tun, als ob man mitdenken würde. Nach spätestens einer Viertelstunde schweifen aber die Gedanken endgültig ab, man kommt ins Träumen, malt Männchen oder anderes. Danach fallen auch die letzten Hemmungen: Man konzentriert sich auf die eigene Arbeit, macht sich Notizen, plant, was man heute noch erledigen muss, entwirft das nächste Übungsblatt oder versucht, bei der eigenen Forschung gedanklich weiterzukommen. Es sollen schon Fälle vorgekommen sein, wo einzelne Zuhörer schlicht eingeschlafen sind. Ich gestehe, dass ich mich in manchen Vorträgen nur dadurch wach halten konnte, dass ich mich ganz darauf konzentriert habe, einen (nichtmathematischen) Brief zu schreiben.

Mit diesem Abschnitt verfolge ich drei Ziele. Zunächst werde ich einige Mythen benennen (und damit hoffentlich entzaubern).

Danach möchte ich über meine Erfahrungen beim Schwimmen gegen den Strom berichten: Häufig habe ich gerade nicht das Gefühl, gegen den Strom zu schwimmen, sondern, von einer Welle getragen zu werden im Bewusstsein, das „Richtige", das eigentlich „Leichte" und „Angemessene" zu tun.

Schließlich will ich mit einigen pauschalen, aber nichtsdestoweniger konkreten Ratschlägen schließen, die ich regelmäßig meinen Studierenden gebe.

Mythen

1. Mythos: Die Dritteltheorie

Viele, insbesondere auch junge Mathematiker behaupten, ein Vortrag müsse folgendermaßen aufgebaut sein: Das erste Drittel soll für jeden Zuhörer verständlich sein, das zweite nur für die Spezialisten, das letzte Drittel schließlich für niemanden mehr.

Eine milde Variante hiervon ist die Meinung, man müsse am Ende „abheben".

Die Idee ist also, bewusst einen schlechten Vortrag zu halten. Genauer gesagt: Man glaubt, den Eindruck erwecken zu müssen, ein schlechter Vortragender zu sein.

Warum? Wenn man nachfragt, erhält man stereotyp zur Antwort: Wenn ein Vortrag verständlich sei, so entstünde der Eindruck, dass die eigenen Ergebnisse, über die man berichtet, zu einfach, „trivial" seien.

Wie kann man denn auf einen solchen Gedanken kommen? Klar: „Wenn es jeder versteht, kann ja nichts dahinterstecken." Wenn ich weiterfrage: „Woher wissen Sie das?", dann kommt fast stets die verlegen lächelnde Antwort: „Das ist doch so ... oder?"

2. Mythos: Der Exaktheitswahn

Beispiel: Statt zu sagen, „Wir betrachten Geometrien, in denen durch je zwei verschiedene Punkte x_1 und x_2 höchstens eine Gerade geht" (oder vielleicht „nur" ein Bildchen zu malen), schreibt man

$$x_i \; I \; y_k \; (i, k = 1,2) \;\; \Rightarrow \;\; x_1 = x_2 \; oder \; y_1 = y_2,$$

– und spätestens an dieser Stelle schalten die Zuhörer ab.

Damit ist natürlich nichts gegen eine exakte mathematische Sprache gesagt; Die Möglichkeit, mathematische Sachverhalte präzise zu beschreiben, ist eine der großen Errungenschaften der Mathematik; man kann Argumente unmissverständlich formulieren und so für sich und andere kontrollierbar machen.

Das mag in einem Buch angehen, in der Regel sogar notwendig und hilfreich sein. In einem Vortrag lenkt man aber die Aufmerksamkeit der Zuhörer (wahrscheinlich) auf Nebensächliches – und hat dann deren Aufmerksamkeit nicht mehr, wenn es um das Wesentliche geht.

Ein Vortrag ist aber nicht der Ort, an dem man demonstrieren muss, wie gut man die mathematische Fachsprache beherrscht. In einem Vortrag müssen die Zuhörer „nur" im jeweiligen Augenblick verstehen, um was es geht; es geht nicht um dauerhaften Wissenserwerb, der später etwa abgefragt würde. Der Vortragende muss also mit Andeutungen und Assoziationen arbeiten – die Kunst besteht dabei natürlich darin, die Andeutungen so zu gestalten, dass die Zuhörer das Richtige assoziieren.

Warum will man eigentlich unter allen Umständen „exakt" sein? Vielleicht folgen alle diese Unsitten aus dem folgenden **mythischen Lemma**:

Nur das, was man exakt hingeschrieben hat, ist auch wahr.

Wenn etwas nicht exakt formuliert ist, so ist es nicht „da", es ist nicht existent.

Nein: Da man ohnedies nur eine Auswahl seiner Gedanken vortragen kann, soll man auch vorher eine geplante Auswahl seiner Gedanken treffen!

3. Mythos: Heutzutage sind die Kinder aufgeklärt

Wieviel Vorkenntnisse hat das Publikum eigentlich? Hierüber scheinen utopische Annahmen gemacht zu werden. Viele Vortragende scheinen von der Angst besessen zu sein, irgendeine Tatsache zu erwähnen, die irgendein Zuhörer schon kennt. Sie beginnen deshalb auf einem Niveau, bei dem sie sicher sind, dass für keinen der Zuhörer eine Wiederholung dabei ist. Hier habe ich verschiedene kritische Rückfragen:

- Man mache sich über die tatsächlichen Vorkenntnisse keine Illusionen. Außerhalb des eigenen Forschungsgebiets sind die expliziten Kenntnisse der allermeisten Profimathematiker erstaunlich gering! Konkret: Ein Nichtanalytiker lässt sich gerne daran erinnern, was ein Gradient ist, einem Nichtalgebraiker muss man den Faktorraum behutsam nahebringen, und über Stochastik herrschen außerhalb dieses Gebietes oft abenteuerliche Vorstellungen.

- *Repetitio delectat.* Schopenhauer sagte einmal: „Ein Buch, das man nur einmal liest, hat man entweder einmal zu wenig oder einmal zu oft gelesen." Einen idealen Vortrag würde man sich am liebsten gleich noch einmal (oder am nächsten Abend) anhören – so wie man sich einen Film zweimal anschaut, ein Buch nochmals durchschmökert oder eine CD mehrfach hört. Ich habe schon einige Male Vorträge gehört, die ich sehr gerne noch einmal von vorne genossen hätte.

- Ich bin zutiefst überzeugt, dass zur Wissenschaft nicht nur gehört, neue Erkenntnisse zu erzielen, sondern auch, diese zu veröffentlichen, und zwar in einer Weise, dass eine Öffentlichkeit, die diesen Namen verdient, angemessen informiert wird.

Erfahrungen oder
Das Gefühl von Freiheit und Abenteuer

Verständlichkeit kommt an

Ich habe nie schlechte Erfahrungen gemacht, wenn ich versucht habe, verständlich vorzutragen oder zu schreiben. Ich bekam und bekomme von vielen Zuhörern und Lesern Komplimente und Streicheleinheiten (in Italien Umarmungen und Küsse). Seit ich mehr und mehr Mut entwickle, immer deutlicher, freier und klarer vorzutragen und zu schreiben, erhalte ich ausgesprochene „Fanpost". Schon allein dies würde mich überreichlich für einen eventuellen Liebesentzug meiner wissenschaftlichen Väter und Mütter (und Brüder) entschädigen.

Es kommt aber noch viel besser: Ich erhalte Komplimente und Streicheleinheiten von Leuten, von denen ich das nie erwartet hätte – nämlich von meinen Kollegen. Einmal hatte ich einen Vortrag für Schüler vorbereitet und gehalten. An einem der darauffolgenden Tage war ich an einem mathematischen Institut zu einem Kolloquiumsvortrag eingeladen. Irgendwie war wieder mal eine Woge von Arbeit über mir zusammengebrochen und ich hatte keine Zeit gefunden, den Kolloquiumsvortrag vorzubereiten. Ich hielt also im Wesentlichen den gleichen Vortrag, den ich vor Schülern gehalten hatte, vor Kollegen, die schon 20 bis 30 Jahre im Geschäft sind. Nach Ende meines Vortrags geschah das Erstaunliche: Die Kollegen (!) kamen auf mich zu und erklärten hocherfreut, dies sei endlich mal ein Vortrag gewesen, den sie verstanden hätten, und eigentlich sollten alle Vorträge im allgemeinen Kolloquium so sein!

Man gewinnt zusätzliche Erkenntnisse
Durch ständig neu unternommene Versuche, auch schwierige Sachverhalte klar und verständlich auszudrücken, kommt man zwangsläufig über ein nur technisches Verständnis der Dinge hinaus und stößt in echte Tiefendimensionen vor.

Um komplexe Sachverhalte verständlich darstellen zu können, muss man den Dingen auf den Grund gehen. Man muss die richtigen Fragen stellen, die richtigen Unterscheidungen treffen, das Chaos durchschauen. Es ist offensichtlich, dass sich dadurch die wahre Natur der verschiedenen Sachverhalte mehr und mehr offenbart. Gerade durch die oft scheel angesehenen „dummen Fragen" wird meiner Erfahrung nach oft ein Erkenntnisfortschritt angestoßen.

Man braucht Mut – und muss sich diesen schrittweise erkämpfen
Auch ich bin im traditionellen akademischen Milieu aufgewachsen und musste mir meine Freiheit schrittweise erarbeiten. Jeder neue Schritt ist ein Wagnis (und kurz vorher bin ich immer noch in der Gefahr, einen Rückzieher zu machen). Ich nenne einige Herausforderungen:

- Ein guter Vortrag braucht eine solide Vorbereitung. Auch (gerade) ausgesprochene Könner (solche gibt es!) nehmen sich – nachdem die gesamte mathematische Vorbereitung abgeschlossen ist – noch viele Stunden Zeit zur Gestaltung des Vortrags.

- Verwendung von gut gestalteten Folien: Es geht nicht darum, möglichst viel auf eine Folie zu schreiben, sondern jede Folie sollte ein eigenes Thema haben. Es ist besser, einen Sachverhalt graphisch darzustellen, als verbal zu formulieren.

- Ein Vortrag vor Mathematikern, in dem die komplexen mathematischen Argumente nur an einleuchtenden Beispielen erklärt werden.

- Ein Vortrag vor Nichtmathematikern über die Bedeutung der Mathematik.

Mir haben (neben vielen Menschen) auch folgende Fragen geholfen:

- Was soll ein Vortrag? (Ist die entscheidende Größe mein Output oder der Input der Zuhörer?)

- Was ist die Botschaft meines Vortrags?

- Ist es wichtig, das Problem klar zu machen, oder kommt es darauf an, einen Beweis zu demonstrieren?

- Will ich wenigen Experten imponieren oder bei einem allgemeineren Publikum Verständnis wecken?

Ratschläge

Ich schließe diesen Abschnitt mit einigen Regeln, die ich regelmäßig denjenigen Studierenden gebe, die bei mir einen Seminarvortrag halten.

Nehmen Sie Ihre Zuhörer ernst!
Jeder dieser in der Regel hochqualifizierten Anwesenden ist bereit, Ihnen eine Stunde seines Lebens zu spendieren.

Versuchen Sie in jedem Fall, Ihren Zuhörern wenigstens das *Problem* klar und deutlich zu erklären. Gut ist es, wenn Sie auch die *Lösung* verständlich präsentieren können. Im Idealfall kann man auch Ideen, Methoden, Tricks der *Beweise* andeuten.

Beachten Sie: Ein Vortrag ist keine Vorlesung! In der Regel schreiben die Zuhörer höchstens Stichworte mit; keiner wird über den Inhalt Ihres Vortrags geprüft. Das bedeutet: Die Zuhörer müssen Ihre Darlegungen jeweils nur im Augenblick verstehen. Daher genügt es oft, mit Assoziationen zu arbeiten.

Nehmen Sie Ihre Arbeit ernst!
Wieviel ist Ihre Arbeit wert? Oder, noch banaler gefragt: Was kostet ein mathematischer Satz?

Wenn ein Mathematiker in der Industrie für seinen Arbeitgeber bei einer anderen Firma arbeitet, verlangt sein Arbeitgeber von der Fremdfirma pro Tag

2.000 €. (Kein Neid, der Mathematiker würde dieses Geld nicht ausbezahlt bekommen!)

Das ist der Wert Ihrer Arbeit!

Einige Beispiele: Ein Satz, für dessen Beweis Sie einen Monat benötigen, kostet 40.000 €. Die Zeit, die Sie brauchen, ein kompliziertes Computerprogramm oder Betriebssystem zu installieren und zu warten, übersteigt in der Regel die Kosten für das Programm (inklusive Hardware) um ein Vielfaches. Eine Dissertation, an der sie zwei Jahre lang arbeiten, hat auch heute noch den Wert eines soliden Einfamilienhauses.

Das soll Sie nicht entmutigen. Im Gegenteil. Seien Sie sich des Wertes Ihrer Arbeit bewusst. Verstecken sie sich nicht. Das, was Sie vorstellen, hat einen gewissen Wert, jedenfalls im Sinne der hineingesteckten Arbeitszeit.

Machen Sie die Dinge einfach!

Man könnte sagen, eine genuine Aufgabe des Mathematikers sei, Dinge einfach zu machen. In Wirklichkeit ist es noch deutlicher: Die Dinge an sich *sind* einfach. Die Aufgabe von Mathematikern ist, komplexe Sachverhalte so gut zu durchschauen, zu beschreiben, zu „verstehen", bis sie erkennen, dass sie ganz einfach sind. Fragen Sie sich immer wieder: Kann ich das nicht noch einfacher sagen? (Meine Erfahrung ist: Es geht immer noch einfacher!)

Damit will ich natürlich nicht sagen, dass jeder mathematische Satz und vielleicht sogar jeder mathematische Beweis auf niedrigstem Niveau dargestellt werden kann. Nein: Offensichtlich braucht man beispielsweise für den Beweis des großen Fermatschen Satzes ein ungeheures Wissen über tief liegende mathematische Methoden und Sätze. Insofern ist die „Einfachheit" immer relativ.

Aber zwei Dinge sind dennoch klar. Erstens: Auch ein Vortrag über derartig komplexe Sachverhalte muss immer versuchen, das Wesentliche herauszuarbeiten und nicht an technischen Details hängenzubleiben. Und zweitens: Jeder, der einen Beweis gefunden hat, hat gesehen, dass sich die komplexe Situation einfacher beschreiben lässt als man zuvor wusste.

Behandeln Sie den einfachsten Fall, an dem man das allgemeine Schema erkennen kann. Dies drückt F. Enriques im Vorwort zu Enriques-Chisini: Lezioni sulla teoria geometrica delle equazioni e delle funzioni algebriche, Vol I (1915), unübertrefflich aus: Man soll den „angemessenen Grad der Allgemeinheit anstreben, das heißt den niedrigsten, in dem das Problem seine wahre Natur offenbart" (*un proprio grado di generalità, che è il primo grado in cui il problema stesso rivela la sua natura*).

Mitunter hilft ein Blick auf die Informatik für die richtige Entscheidung. Dort unterscheidet man zwischen „höheren" und „niederen" Programmiersprachen. Grob gesagt, sind niedere Sprachen gut für die Maschine, höhere gut für den Menschen. Manchmal habe ich den Eindruck, als ob für viele Mathematiker die einzig mögliche Sprache eine Art mathematischer Maschinencode ist. Mindestens für einen Vortrag ist das Gegenteil richtig; hier muss man sich um eine Ausdrucksweise bemühen, die bei den Zuhörern ankommt.

Hier ist eine Warnung angebracht: Eine Sache wird nicht dadurch einfach, dass man dies behauptet. Die üblichen Sprüche „wie man leicht sieht", „trivialerweise folgt", ... erleichtern dem Zuhörer (oder Leser) die Arbeit nicht. Im Gegenteil: Man muss die Schwierigkeit richtig einschätzen und benennen. (Wenn man etwas nicht herausbekommt, obwohl der Vortragende behauptet, es sei leicht, wird man nicht gerade aufgemuntert.)

Ein Wort auf den Weg

Nehmen Sie den Anfang Ihres Vortrags ernst. Es gibt Untersuchungen über die Aufmerksamkeit von Zuhörern während eines Vortrags. Die Aufmerksamkeit ist zu Beginn sehr hoch, fällt dann, nach zwei bis drei Minuten, rapide ab, bleibt während des gesamten Vortrags auf diesem Grundniveau und steigt erst kurz vor Schluss wieder leicht an.

Diese Kurve können Sie nicht ändern. Ein sehr guter Vortragender kann vielleicht den Abfallpunkt etwas hinauszögern, das Aufmerksamkeitsgrundniveau ein bisschen anheben oder den Anstieg kurz vor Schluss bewusst gestalten. Aber das Gesetz wird dadurch nicht aufgehoben. Es hat keinen Sinn, gegen dieses Naturgesetz der menschlichen Aufmerksamkeit zu revoltieren. Berücksichtigen Sie es!

Was heißt dies? Nutzen Sie die Chance der ersten Minuten. Verschenken Sie diese Momente extremer Aufnahmebereitschaft des Publikums nicht. Bringen Sie Ihre Botschaft in den ersten Minuten an. Das, was Sie am Anfang sagen, zählt. Der Eindruck, den Sie in den ersten Minuten hervorrufen, bleibt.

Literaturhinweis

Es gibt einen Text, den ich selbst immer wieder zu Rate ziehe und den ich ohne jede Einschränkung empfehlen kann, zumal er äußerst vergnüglich zu lesen ist: Es handelt sich um Kurt Tucholskys *Ratschläge für einen schlechten Redner* und *Ratschläge für einen guten Redner*. Diese klassischen Stücke sind in jeder Tucholsky-Ausgabe zu finden.

Worüber Mathematiker lachen (können)

Wie über jeden Berufsstand gibt es auch Witze über Mathematiker. Manche beginnen stereotyp mit den Worten „Ein Ingenieur, ein Physiker und ein Mathematiker ..." Aber selbst diese Witze sagen etwas Spezifisches über Mathematiker und sogar über Mathematik aus.

Wenn in einer Theorie ein Widerspruch ableitbar ist, so kann jede in dieser Theorie überhaupt formulierbare Aussage bewiesen werden.

Einstein wurde einmal gefragt, ob er dann zeigen könne, dass aus $1 = 2$ folgt, dass er, Einstein, der Papst sei.

„Nichts leichter als das", antwortete Einstein. „Der Papst und ich sind verschieden, also sind wir zwei Personen. Da $2 = 1$ ist, sind wir also nur eine Person. Also bin ich der Papst."

═══════════

Jede natürliche Zahl ist interessant. Denn *angenommen*, es gäbe eine uninteressante natürliche Zahl. Dann gäbe es auch eine *kleinste* uninteressante natürliche Zahl: Dies macht diese Zahl aber wirklich interessant! Also ist dies doch eine interessante Zahl.

Dieser Widerspruch zeigt, dass es keine uninteressante Zahl gibt!

═══════════

In jeden Koffer passen unendlich viele Taschentücher. Beweis: Eines mehr passt immer noch rein.

═══════════

Zwei Mathematiker stehen vor einem leeren Hörsaal. Sie sehen einen Studenten reingehen und nach einigen Minuten zwei Studierende rauskommen. Da schließt der eine messerscharf: „Wenn jetzt noch einer reingeht, ist der Saal wieder leer."

Ein Physiker und ein Mathematiker sollen auf einem Herd Wasser kochen. Der Topf mit dem Wasser, das sie zum Kochen bringen sollen, steht rechts neben dem Herd.

Der Physiker löst das Problem, indem er den Topf auf den Herd setzt.

Der Mathematiker löst es genauso.

Nun soll wieder Wasser gekocht werden, aber diesmal steht der Topf *links* vom Herd. Der Physiker stellt den Topf auf den Herd und hat das Problem gelöst. Der Mathematiker hingegen stellt den Topf einfach auf die rechte Seite – und hat damit das Problem auf das vorige zurückgeführt!

Über einen zerstreuten Mathematikprofessor: Er sagt A, schreibt B, meint C, rechnet D, aber E wäre richtig.

Zwei Menschen fliegen in einem Ballon. Sie haben sich total verfranzt und jegliche Orientierung verloren. Da sehen sie auf der Erde einen Menschen und schaffen es tatsächlich, sich diesem auf Hörweite anzunähern. „Hallo", brüllen sie, „wo sind wir?"

Der Mensch am Boden steht reglos und macht keine Anstalten zu antworten.

Da, kurz bevor ihr Ballon wieder außer Hörweite ist, vernehmen sie die Antwort: „Ihr seid in einem Ballon."

Verdutzt bleiben sie zurück und schauen sich gegenseitig an. „So ein Idiot!" schreit der eine wutentbrannt. „Nein", entgegnet der andere, „das war ganz bestimmt ein Mathematiker. Und zwar aus drei Gründen: Erstens hat er furchtbar lange nachgedacht, zweitens ist seine Antwort absolut richtig, und drittens ist sie vollkommen unbrauchbar!"

Ein Ingenieur, ein Physiker und ein Mathematiker beweisen den Satz: *Jede ungerade Zahl ist eine Primzahl.*

Der Ingenieur verifiziert die ersten Fälle: „3 ist eine Primzahl, 5 ist eine Primzahl, 7 ist eine Primzahl. Also stimmt der Satz."

Der Physiker gibt sich damit nicht zufrieden: „3: Primzahl, 5: Primzahl, 7: Primzahl, 9: Prim-, hmhm – Messfehler, 11: Primzahl, 13: Primzahl usw. Also ist der Satz richtig."

Der angewandte Mathematiker überlegt: „3, 5 und 7 sind Primzahlen, 9 – ist auch annähernd eine Primzahl, 11, und 13 sind Primzahlen usw. Also ist der Satz richtig."

Ein Mathematikstudent versucht als einziger zu argumentieren. Aber auch das geht schief: „Sei p eine Primzahl mit $p > 2$. Dann ist p nicht durch 2 teilbar, also ist p ungerade."

Ein Astronom, ein Physiker und ein Mathematiker reisen nach Schottland. Da sehen sie ein schwarzes Schaf. „Hochinteressant", ruft der Astronom aus, „in Schottland sind die Schafe schwarz." „Nein, Herr Kollege", widerspricht sofort der Physiker, „man kann nur sagen: in Schottland gibt es mindestens ein schwarzes Schaf".

Da meldet sich der Mathematiker zu Wort. „Auch das können wir nicht behaupten; wir können nur sagen, dass es in Schottland mindestens ein Schaf gibt, das auf mindestens einer Seite schwarz ist."

Was ist π?
Der Ingenieur sagt: „π ist dreikommavierzehn."
Der Physiker erklärt: „π = 3,1415927 ± 0,00000005."
Der Mathematiker weiß: „π ist das Verhältnis des Umfangs zum Durchmesser eines Kreises."

O.B.d.A. heißt eigentlich „ohne Beschränkung der Allgemeinheit" und bedeutet, dass nur ein Spezialfall der Behauptung bewiesen zu werden braucht. Die Leser und Hörer – aus deren Sicht dieses Kürzel oft unkontrolliert gebraucht wird – wehren sich, indem sie andere Interpretationen von „o.B.d.A." angeben. Zum Beispiel:

- *Ohne Bedeutung für die Allgemeinheit.*

- *Ohne Bedenken des Autors.*

- *Ohne Begründung der Annahme.*

- *Ohne Berücksichtigung der Ausnahmen.*

- *Ohne Berücksichtigung* der Anfängerstudenten.

- *Offensichtlich bedingt durch Alkohol.*

---

2 is the oddest prime.

Ein Jurist, ein Mediziner und ein Mathematiker diskutieren die Frage, ob es besser sei, mit einer Frau verheiratet zu sein oder eine Freundin zu haben.
Der Jurist sagt: „Natürlich ist es besser, verheiratet zu sein. Alles ist unter Kontrolle, und selbst bei einer Scheidung kann man sich emotionales Chaos ersparen, da alles durch die einschlägigen Gesetze geregelt ist."
Der Mediziner ist anderer Meinung: „Ich finde es viel besser, eine Freundin zu haben, mit der ich nicht verheiratet bin. Es stellt sich kein Alltagstrott ein, das Zusammenleben ist spontaner, spannender und aufregender."
Der Mathematiker ist sich ganz sicher: „Am besten ist es, sowohl eine Ehefrau als auch eine Freundin zu haben. Dann erkläre ich meiner Freundin, dass

ich bei meiner Frau sein müsse und zu meiner Frau sage ich, dass ich bei meiner Freundin sei – und so habe ich Zeit, Mathematik zu machen."

Einmal beauftragte ein Bauer einen Ingenieur, einen Physiker und einen Mathematiker herauszufinden, wie man eine möglichst große Fläche mit möglichst wenig Zaun umzäunen kann.

Der Ingenieur machte einen kreisförmigen Zaun und erklärte, dass das die effizienteste Methode sei.

Der Physiker hingegen konstruierte einen sehr langen geradlinigen Zaun und kommentierte: „Es gibt keine bessere Methode, die Hälfte der Erdoberfläche abzugrenzen."

Der Mathematiker lachte sie aus. Er baute einen winzigen Zaun um sich herum und sagte: „Ich definiere, dass ich mich außen befinde."

Ein Ingenieur und ein Mathematiker hören den Vortrag eines theoretischen Physikers, in dem Räume vorkommen, deren Dimensionen 8, 9 und noch größer sind. Damit hat der Ingenieur Schwierigkeiten, während der Mathematiker den Vortrag offensichtlich genießt.

Nach dem Vortrag wendet sich der Ingenieur an den Mathematiker: „Sagen Sie, wie schaffen Sie es, dies alles zu verstehen?" „Ich stelle mir das konkret vor."

„Aber wie um alles in der Welt können Sie sich einen 9-dimensionalen Raum vorstellen?" „Ganz einfach, ich stelle mir zuerst einen n-dimensionalen Raum vor und spezialisiere dann zu n = 9."

Ein Ingenieur, ein Physiker und ein Mathematiker geben vor einem Pferderennen Wetten ab. Der Ingenieur und der Physiker verlieren kläglich, während der Mathematiker offenbar aufs richtige Pferd gesetzt hat.

Der Ingenieur versteht die Welt nicht mehr: „Ich habe doch alle Daten der Pferde gehabt und genau berechnet, welches wie schnell rennt, und trotzdem ...“

Auch der Physiker ist ratlos: „Ich habe mir die vorigen Rennen angesehen, diese mit Hilfe statistischer Methoden ausgewertet und auf das Pferd mit der größten Gewinnwahrscheinlichkeit gesetzt, aber irgendwie ...“

Nun wollen sie vom Mathematiker wissen, mit welcher Methode er draufgekommen sei, welches Pferd gewinnen müsse. „Ganz einfach“, erzählt dieser glücklich lächelnd, „zunächst mal nahm ich an, dass alle Pferde identisch und kugelförmig sind ...“

Ein Ingenieur, ein Physiker und ein Mathematiker übernachten im selben Hotel, als in jedem ihrer Zimmer ein Feuer ausbricht.

Der Ingenieur wacht auf, sieht das Feuer, rennt in das Bad, dreht alle Wasserhähne voll auf, so dass das ganze Appartement überschwemmt und das Feuer gelöscht wird.

Der Physiker wacht auf, sieht das Feuer, rennt zu seinem Arbeitstisch, wirft seinen Laptop an, und beginnt wie wild, alle möglichen Gleichungen der Strömungslehre zu bearbeiten. Nach wenigen Minuten ist er fertig, holt aus seinem Gepäck einen Messzylinder, misst präzise die zum Löschen benötigte Menge Wasser ab, schüttet sie auf das Feuer und hat das Feuer gelöscht.

Der Mathematiker wacht auf, sieht das Feuer, rennt zu seinem Arbeitstisch und beginnt wie wild, Sätze, Lemmata, Hypothesen usw. aufzustellen. Nach kurzer Zeit ist er fertig, legt seinen Stift mit einem triumphierenden Lächeln nieder und sagt „Ich habe bewiesen, dass das Feuer löschbar ist.“

Und legt sich befriedigt wieder ins Bett.

Ein Ingenieur ist überzeugt, dass seine Gleichungen eine Approximation an die Wirklichkeit sind.

Ein Physiker glaubt, dass die Wirklichkeit eine Approximation an seine Gleichungen ist.

Den Mathematiker kümmert dieses Problem nicht.

Ein reiner Mathematiker, ein Ingenieur und ein angewandter Mathematiker unterziehen sich folgendem Test: An einer Seite eines Zimmers sitzt eine wunderschöne Frau, auf der anderen Seite steht die Versuchsperson. Wenn sie die Frau erreichen, dürfen sie sie küssen.

Die Annäherung an die Frau geschieht nach folgenden strengen Regeln: Die jeweilige Testperson darf stets so weit vorgehen, dass der Abstand von ihr bis zur Frau halbiert wird. Also: zunächst bis zur Hälfte, dann bis zu einem Viertel, danach bis zu einem Achtel usw.

Zunächst ist der reine Mathematiker dran. Er überlegt einige Zeit und wendet sich dann enttäuscht ab: „Ich weiß, dass die Folge 1/2, 1/4, 1/8, ... der Zahl Null zwar beliebig nahe kommt, aber leider nie Null wird. Daher kann ich die Frau nie erreichen, und es hat also keinen Sinn, dies auch nur zu probieren."

Der Ingenieur hat weniger Skrupel. Er probiert die Prozedur einfach durch: 1/2, 1/4, 1/8, 1/16, ... und bald hat er – im Rahmen der Messgenauigkeit – die Frau erreicht und ist am Ziel seiner Wünsche.

Der angewandte Mathematiker überlegt kurze Zeit, dann stürmt er blitzschnell los, umarmt die Frau und küsst sie leidenschaftlich. „Halt, was ist denn das? Sie halten sich ja nicht an die Regeln!" wird ihm vorgeworfen. „Natürlich", erwidert er, „das war ein Problem, das ich nicht lösen konnte, also habe ich mir einfach ein anderes Problem gestellt, das ich lösen kann!"

Ein Mathematiker möchte ein Bild aufhängen. Er holt einen Hammer und einen Nagel und will den Nagel einschlagen. Da stutzt er. Irgendetwas stimmt doch nicht. Jetzt erkennt er's: Der Kopf des Nagels zeigt zur Wand, die Spitze auf ihn. Was tun?

Nach fünf Minuten konzentrierter Analyse hat er die Erkenntnis: „Das ist ein Nagel für die gegenüberliegende Wand!"

Es gibt drei Sorten von Mathematikern: Solche, die bis 3 zählen können und solche, die dies nicht können.

Insiderwitze

Natürlich gibt es auch Witze, in denen sich die Mathematiker über sich selbst lustig machen: Mathematiker lachen sich dabei krumm, während für Außenstehende nicht nachvollziehbar ist, was daran eigentlich witzig sein soll. Lassen Sie Milde walten und genießen Sie's einfach nach dem Motto „So sind sie eben, die Mathematiker!"

Ein Mathematiker überreicht seiner Frau einen Strauß Rosen mit den Worten: „Ich liebe dich!"

Worauf sie ihm die Rosen um die Ohren haut, ihn an noch empfindlicheren Stellen verletzt und aus der Wohnung wirft.

Er hätte sagen müssen: „Ich liebe dich – *und nur dich!*"

━━━━━

Treffen sich zwei Funktionen. Sagt die eine: „Weg da, sonst leit ich dich ab!"

Sagt die andere: „Ätsch, ich bin die e-Funktion!"

Darauf die erste: „Und ich d/dy."

━━━━━

Zwei Mathematiker stehen in der Bar und unterhalten sich über Blondinen. Der eine verteidigt sie und behauptet, auch Blondinen seien intelligent. Er versteigt sich sogar zu der Behauptung, die platinblonde Kellnerin, die sie vorhin bedient hat, könne sogar mathematische Fragen beantworten.

Als sein Kollege mal kurz verschwindet, winkt er die Kellnerin herbei, drückt ihr einen Zwanzigmarkschein in die Hand und sagt: „Gleich wird dich mein Kollege etwas fragen. Egal, was er fragt, antwortest darauf bitte einfach ‚$2/3\ x^3$'." Er lässt sie die Antwort wiederholen, sie kann es, und er ist zufrieden.

Als der Kollege wieder auftaucht, gibt er an: „Ich wette, die Kellnerin kann Integrale lösen!" „Das glaub ich nicht!" „Du wirst schon sehen!"

Er winkt die Blondine herbei und fragt sie: „Was ist das Integral von x^2?"

Sie antwortet (korrekt): „$1/3$ x^3".

Staunen.

Sie entlassen die Kellnerin gnädig, nicht ohne ihrer Bewunderung gebührend Ausdruck verliehen zu haben.

Da wendet sich die Blondine ab und murmelt im Weggehen „plus c!"

Warum verwechseln (vor allem amerikanische) Mathematiker Halloween und Weihnachten?

Weil $Oct\,31 = Dec\,25$.

Was ist gelb und vollständig?

Der Bananachraum.

Zum Schluss der kürzeste Mathematikerwitz aller Zeiten:

Sei $\varepsilon < 0$.

Mathematische Charakterköpfe

Bei einigen der folgenden Charakterskizzen werden Sie bestimmt ausrufen: „Das ist doch der X! Dies muss die Y sein!" Sie haben *nicht* Recht. Ich betone ausdrücklich: Ähnlichkeiten einer der folgenden Skizzen mit einer realen Person könnten nur auf einem Zufall beruhen.

Der Überirdische

Typisches Beispiel eines Mathematikers, der in höheren Sphären schwebt. Er ist klein, macht aber Riesenschritte, so dass sein Körper beim Gehen eine periodische Auf- und Abbewegung vollführt. Ein Mensch, so unpraktisch wie nur denkbar, der äußeren Dingen (um es positiv zu formulieren) sehr gelassen gegenübersteht.

In Fragen der Mathematik ist er aber unbestechlich und hat entschiedene, manchmal merkwürdige (und für Außenstehende oft nicht nachvollziehbare) Ansichten.

Aufgrund seines unbedingten, mutigen und bewussten Sich-Einfühlens stößt er zu wirklich neuen Einsichten vor; es gelingt ihm, das Wesentliche zu sehen.

Der Obergescheite

Er weiß alles besser, nein, hat schon immer alles besser gewusst. Das gilt nicht nur für die Mathematik, wo er unbarmherzig aufdeckt, wenn jemand etwas beweist, was schon im letzten Jahrhundert „im Grunde" bekannt war, sondern auch für Mathematiker („Kollege X ist wirklich gut, denn er hat mir mal einen Fehler nachgewiesen"), und insbesondere für die Geschichte seines Fachbereichs und Personalpolitik im allgemeinen („Felix Klein hat bei einem Berufungsverfahren an der Universität Berlin bemerkenswert schlechte Gutachten erhalten"). Schauerlich wird's, wenn er mit derselben präzisen, sterilen und unangreifbaren Sprache, mit der er in den Vorlesungen seine Hörer auf Distanz hält, über Fußball, Frauenförderpläne oder Fernsehkrimis doziert.

Der Macher

Als er zum Dekan gewählt wurde, war seine erste Amtshandlung, das Dekanat mit Teppichboden ausstatten zu lassen. Er ließ keine Ausreden der Verwaltung gelten: Weder „Das gab's noch nie" noch „Dafür haben wir kein Geld" wurde von ihm anerkannt – und er setzte seine Meinung „Ein Dekanat ohne Teppichboden ist keines" in kürzester Zeit durch.

Die mündlichen Prüfungen, die er abhält, gleichen einem Ping-Pong-Spiel: Auf jede seiner Fragen muss blitzschnell ein sauberes Return erfolgen. Er ist allerdings auch hart im Nehmen: Als ein Prüfling ihm einmal eine andere Ableitung für einen Satz vorschlug, als er in seiner Vorlesung gemacht hatte, gab es zunächst einen kurzen Schlagabtausch: „Das ist falsch!" „Nein, das geht so." „Das werden Sie nicht hinkriegen!" „Doch!" „... na, dann wollen wir mal sehen!" Darauf durfte der Student seinen Weg vorführen, er passte auf wie ein Wachhund und hätte bei der kleinsten Unregelmäßigkeit triumphierend eingegriffen, aber es gab nichts auszusetzen, und der Prüfling verließ mit einer Eins das Zimmer.

Ihm liegt die feurige Attacke mehr als die trockene Analyse (Kollegen, die davon unangenehm berührt sind, tuscheln hämisch, dass er nicht wisse, wie man den Konjunktiv richtig benutzt). Er liebt großzügige Abschätzungen und konnte sich nie für die Algebra begeistern, wo man sorgfältig zwischen $a \cdot b$ und $b \cdot a$ unterscheiden muss.

Seine Hauptstärke liegt aber außerhalb der Forschung (er selbst würde das vehement bestreiten). Er hat aus einem Fachbereich von Eigenbrötlern eine –

nein, ,Gemeinschaft' wäre zuviel gesagt, aber doch eine Institution gemacht, die immerhin gemeinsam ein Sommerfest feiern konnte, bei dem er ein strenges Verbot erließ, über Mathematik zu reden.

Der Pingelige

Er beschäftigt sich mit den Bröckchen, die von der Herren Tische fallen. Hat ein Forscher ein kleines Beispiel in einer Untersuchung ausgelassen, weil es nur mit lästigen Fallunterscheidungen zu lösen ist, so behandelt *er* genau dieses Beispiel. Wenn ein Satz den „allgemeinen Fall" behandelt und die Situation für alle natürlichen Zahlen ≥ 5 klärt, so studiert *er* genau die Fälle $n < 5$. Dazu braucht er Geduld, Ausdauer, Disziplin und Organisation. Wie jeder Mathematiker geht er nur mit Papier und Bleistift bewaffnet in einen Vortrag. Aber anders

als bei seinen Kollegen ist sein Blatt nicht leer und dient nicht nur zum Kritzeln, nein: darauf sind bereits 37 der prinzipiell 142 zu testenden Unterfälle seines gegenwärtigen Problems gelöst, und während des Vortrags löst er zwei weitere.

Natürlich erzielt er mit seinem Eifer eine große Zahl von Arbeiten, über die er genau Buch führt. Er hat stets eine Liste bei sich, auf der die Zahl seiner Veröffentlichungen und die seiner (von ihm so genannten) „lieben Kollegen" verzeichnet ist – und er ist jederzeit bereit, diese Liste zu präsentieren.

Am schönsten ist es, ihn beim Bezahlen in einem Restaurant zu erleben. Wenn die Rechnung beispielsweise 18,20 € ausmacht, so stellt sich ihm die Aufgabe, ein gerechtes Trinkgeld exakt zu berechnen. Dazu hat er offenbar ein Bewertungsschema für den Service, rechnet diesen in eine Prozentzahl um; man sieht förmlich, wie er diese Zahl mit dem Betrag multipliziert und zu dem Betrag addiert, und dann sagt er, ohne mit der Wimper zu zucken, zu der Kellnerin: „Machen Sie 18,70 €."

Der Alchimist

Er hatte – längst vor Wiles – schon einmal bewiesen, dass die Fermatsche Vermutung richtig ist und einmal, dass sie falsch ist. Beide Beweise waren falsch. Das machte ihm aber gar nichts aus, denn er sagt. „Ich bin überzeugt, dass die Grundidee richtig ist."

Er handelt wie ein mittelalterlicher Alchimist: Er schüttet irgendwelche Dinge zusammen, mischt gut durch und erhitzt alles. Dann hält er die undurchsichtige Substanz gegen das Licht und ist fest davon überzeugt, dass er Gold produziert hat. Wenn sich herausstellt, dass es wieder nicht geklappt hat, meint er nur: „Es hat noch nicht funktioniert, aber der Ansatz ist richtig."

Genie oder Scharlatan? Jeder Mensch hat täglich viele Ideen, darunter manche gute. Ein Genie verfolgt nur die wenigen erfolgversprechenden; *er* baut darauf, dass diejenigen Ideen, welche die anderen nicht benutzen, gerade deswegen gut sein müssen.

Der Karrierist

Er ist überzeugt, dass er mit 150 Veröffentlichungen eher C4-Professor wird als mit 149. Einige seiner Arbeiten sind ausgesprochen gut, es ist aber schwer, diese in der Masse der „kleineren Werke" ausfindig zu machen. Er ist ein überzeugter Anhänger der „publish-or-perish"-Bewegung. Er hat einen enorm guten Überblick über sein Spezialgebiet, unter anderem auch deshalb, weil er die meisten Arbeiten darin selbst geschrieben hat. Wehe einem Eindringling in das von ihm beherrschte Gebiet, der vergessen hat, dass er in seiner Arbeit 1976a dieses Argument schon im  allgemeineren Rahmen angedeutet hat. Eine giftige Rezension im Zentralblatt ist die verdiente Strafe.

Er ist aber großzügig bei der Qualität seiner Veröffentlichungen. Wenn er einen Satz nicht beweisen kann, beweist er eben einen anderen. Er handelt so wie der junge Mann, der zu einem Mädchen sagt: Wenn du mich nicht willst, nehm ich mir halt eine andere!

Er verbreitet das Image, nur seiner Forschung zu leben – vor allem deshalb, um vor zuviel Lehr- und Prüfungsverpflichtungen verschont zu bleiben. In seinen Vorlesungen kündigt er am Anfang an, dass es bei ihm natürlich nicht so einfach sei wie bei den Kollegen, da er eine anspruchsvolle Vorlesung zu halten gedenke. Diese Ankündigung wird durch flankierende Maßnahmen wie unleserliche Schrift, Weglassen von Beweisen („Beweis: trivial."), Angabe von etwa 100 Büchern verbunden mit der Ankündigung, sich an keines davon zu halten, und Überziehen der Zeit wirkungsvoll ergänzt.

Der Erfolg lässt nicht auf sich warten: Nach nur drei Wochen hat sich die Hörerzahl halbiert, am Ende des Semesters sitzt nur noch ein Viertel der anfänglich vorhandenen Studierenden im Hörsaal und entsprechend wenige stellen an ihn das Begehren, seine wertvolle Zeit für eine Prüfung zu opfern.

Äußerlich macht er wenig aus sich. Er gibt nur wenig Geld für Kleidung aus. Die Studierenden behaupten, er habe nur einen einzigen Pullover. Gesicherte Erkenntnis ist, dass er bei jedem wissenschaftlichen Vortrag seit zwanzig Jahren dasselbe Jackett mit sich führt; er entledigt sich dessen schon in den ersten Minuten – auch deswegen, weil es ihm inzwischen ziemlich knapp sitzt.

Er ist ein glänzender Organisator; er organisiert alles so gut, dass er unangenehme Dinge blitzschnell wieder los ist. Er hat seine Verpflichtungen so effizient organisiert, dass er nur an zwei Tagen der Woche in der Universität anwesend sein muss – und das auch nur von 10 bis 14.30 Uhr. Manchmal beklagen sich allerdings Studierende oder Sekretärinnen, dass er nicht aufzufinden ist. Das stört ihn aber nicht, da er diese Klagen ja aufgrund seiner Abwesenheit gar nicht mitbekommt.

Die Dürre

Auf ihr Äußeres legt sie keinen Wert. Obwohl es ihr an finanziellen Mitteln nie gefehlt hat, zieht sie nur billigste Fetzen an; offenbar liebt sie schmuddelige, graue T-Shirts über alles. Wenn Sie einen Vortrag hält, berichtet sie trocken und ohne didaktische Anstrengung von den Resultaten; nach ihrem letzten Satz fällt sie in sich zusammen und würde sich am liebsten unter einer Tarnkappe verstecken.

Auch beim Essen kennt sie keine Qualität: Mit deutlich distanzierendem Ausdruck schiebt sie jeweils das, was ihr vorgesetzt wird (genauer gesagt: etwa ein Drittel davon) ein. Nur in einem Punkt kennt sie keine Kompromisse: Ihr

Tee ist hervorragend, und sie gibt bei jedem ihr angebotenen Tee mehr oder weniger deutlich zu erkennen, dass dies nur billiges Zeug sein kann.

Sie arbeitet hart und viel, hat bemerkenswerte Resultate erzielt, zahlreiche Arbeiten veröffentlicht und eine angesehene Position erreicht. Sie setzt sich oft für die Belange der Studenten ein, ganz bestimmt dann, wenn dies ihre Kollegen ärgern muss. Von Frauenförderplänen hält sie nichts, denn „ich hab's ja auch so geschafft".

Sie wird von niemandem geliebt, und sie liebt niemanden. Und beide Seiten haben nicht recht: Weder sind alle ihre Kolleginnen und Kollegen „Idioten, die keine Ahnung haben, um was es in Wirklichkeit geht", noch ist sie die „hysterische Furie, die nur darauf aus ist, Ärger zu machen".

Der Stil ihrer Arbeiten ist wie ihr Äußeres: Schlampig und ohne Liebe hergerichtet. Aber immer verbirgt sich ein Goldkorn darin. Nur ist es schwer, dieses zu finden.

Der Verblendete

Auch nach jahrzehntelanger Tätigkeit an einer norddeutschen Provinzuniversität, in die es ihn in jungen Jahren verschlagen hat, hält er an seinem hessischen Dialekt fest. Er ist überzeugt, dass das Institut, an dem er arbeitet, das schönste ist, „weil man da weiß, wie es läuft".

Er ist im Grunde kleinmütig und ängstlich; dies wird durch seine gelegentlichen, Freund und Feind gleichermaßen überraschenden Ausbrüche von Lob oder Tadel deutlich.

Er hat in seinen jungen Jahren als Professor seine Veranstaltungen genauestens vorbereitet und zehrt heute noch davon. Seine Vorlesungen sind durchweg bis aufs i-Tüpfelchen penibel ausgearbeitet und werden so alle paar Jahre identisch gehalten.

Jedesmal, wenn in seiner Algebra-Vorlesung der Hauptsatz über symmetrische Polynome (eine etwas technische Angelegenheit) dran kommt, wird er krank. Studierende verbreiten etwas bösartig das Gerücht, er habe die entsprechenden zwei Seiten seines Manuskripts verloren und merke das jedesmal erst am Abend vorher.

Die Tiefschürfende

Sie nimmt ihren Beruf ernst. Sie hat nicht viele Untersuchungen veröffentlicht, aber jede einzelne stellt einen echten Erkenntnisfortschritt dar. Für sie wäre es ein Graus, eine „Abstauberarbeit" zu veröffentlichen; entsprechende kleine Verbesserungen fließen ohne besonderes Aufheben in ihre Vorlesungen ein. Sie ist erst zufrieden, wenn sie der Überzeugung ist, die wirklich tragfähigen Begriffe gefunden, die relevanten Unterscheidungen getroffen, die entscheidende Idee gehabt und den „richtigen" Satz jedenfalls erahnt zu haben.

Die Tatsache, dass sie ihren Beruf ernst nimmt, zeigt sich auch im Stellenwert, den sie der Ausbildung der Studierenden zumisst. Kaum jemand trägt so klar vor und vermittelt dadurch den Studierenden so viele Kenntnisse, Methoden und Einsichten. Allerdings ist es bei ihr nicht leicht; sie hat klare Maßstäbe. Sie macht deutlich, dass zum Mathematikmachen auch gehört, seine Hände schmutzig zu machen, sich wirklich auf die mathematischen Probleme einzulassen, dass zur Lösung eines mathematischen Problems nicht nur Kenntnisse von Fakten und Methoden gehören, sondern in viel entscheidenderem Maße Einfühlungsvermögen und Offenheit für neue Ideen. Sie erprobt auch neue Veranstaltungsformen mit den Studierenden, in denen sie eine kritische Auseinandersetzung der Studierenden mit der Mathematik und der Universität (auch mit ihren Veranstaltungen) einübt.

Ihre Art zu forschen und zu lehren steht quer zum Wissenschaftsbetrieb, und das macht ihr nicht nur Freunde. Viele Kollegen unterschätzen sie und blicken mit Neid auf ihre Erfolge bei den Studierenden.

Aber für viele Studierende und manche Kollegen ist sie nicht ein Paradiesvogel im grauen Unibetrieb, sondern ein leuchtendes Vorbild und eine große Hoffnung.

Der Minimalist

Er zelebriert Formeln an die Tafel. Die Aussagen sind bei ihm in wunderbar ausgetüftelten Zeichen codiert, die sorgfältigst an die Tafel gemalt werden. Am Ende einer Stunde hat er vielleicht eine halbe Tafel bemalt (statt den vier Tafeln, die ein Durchschnittsprofessor in der gleichen Zeit vollschmiert). Für die Hörer, die nur das Tafelbild in ihr Heft kopieren, ist später nichts mehr nachvollziehbar. Er lebt ganz der These (die er nie zu denken, geschweige denn auszusprechen vermöchte) „Lieber ziehe ich die Unterhosen meines Kollegen an, als seine Terminologie zu übernehmen."

Der Liebe

Er ist ein hervorragender Mathematiker, aber, obwohl er introvertiert ist, isoliert er seine Mathematik nicht vor anderen. Er hört aufmerksam zu und ist stets bereit, außerordentlich nützliche Ratschläge zu geben. Seine Literaturkenntnis ist enorm, und er hat damit schon vielen Kollegen viel Arbeit erspart.

Seine Vorlesungen sind äußerst klar und verständlich, dabei weit davon entfernt, „trivial" zu sein. Manchmal steht er vor der Tafel und fängt plötzlich, für seine Hörer völlig unvermittelt, an zu kichern. Dann ist er in seinen Gedanken schon zwei Schritte weiter und freut sich auf die Situation, in welche die gerade von ihm entwickelte Gedankenkette unvermeidlich führen muss.

Bei der Diskussion nach einem Vortrag treffen seine Fragen unfehlbar ins Schwarze, auch wenn sie sich geradezu kindisch anhören. Wenn er fragt „Was passiert, wenn man die 4 in der Formel auf der hinteren Tafel durch eine 5 ersetzt?", so kann man sicher sein, dass er damit den Kernpunkt der vom Vortragenden entwickelten Theorie erfasst hat. Über das Gesicht des Vortragenden ergießt sich dann ein glückliches Leuchten der Erkenntnis, weil er spürt, einen Bruder im Geiste gefunden zu haben.

Der Geniale

Er ist von der Mathematik besessen. In jedem Augenblick beschäftigen ihn die mathematischen Probleme, für die er Lösungen sucht. Dies wirkt oft merkwürdig und ist mitunter sogar gefährlich. Denn er treibt auch beim Autofahren Mathematik. Dass beim Versuch, rückwärts einzuparken und gleichzeitig ein Lemma zu beweisen, ein Rücklicht zu Bruch ging, mag noch angehen. Richtig aufregend ist eine Fahrt auf der Autobahn. „Wenn man das Problem so betrachtet ..." dabei geht er vom Gas herunter, „könnte man vielleicht das quadratische Reziprozitätsgesetz..." Die Stimme erstirbt in Murmeln, der Wagen fährt vielleicht noch 50, 40, 30. „... ja dann", ruft er unvermittelt, „dann geht alles auf." Und zeitgleich mit dem befriedigten Strahlen in seinem Gesicht über die jähe Erkenntnis tritt er das Gaspedal durch, sein schwerer Wagen macht einen Satz nach vorne und ist im Nu wieder auf 150.

Der Hacker

Er war einmal ein wahrhaft genialer Mathematiker, dessen Name durch die folgenreichen Entdeckungen, die er in seinen jungen Jahren machte, unsterblich wurde. Er hat mit den bedeutendsten Kollegen korrespondiert, war Mitherausgeber der wichtigsten Zeitschriften, wurde zu einem Hauptvortrag auf dem alle vier Jahre stattfindenden Weltkongress der Mathematiker eingeladen.

Da gab es einen Knick in seiner Karriere. Die Gründe dafür sind unbekannt. Manche sagen, er hätte ein wahrhaft epochemachendes Resultat „bewiesen", das Gerücht davon hätte sich verbreitet – aber dann stellte sich heraus, dass sein „Beweis" einen Fehler enthielt. Er arbeitete wie besessen daran, den Fehler auszumerzen, aber umsonst: Wenn er ein Loch stopfte, riss er an einer anderen Stelle ein mindestens ebenso großes auf. Vielleicht hat ihn diese Blamage aus der Bahn geworfen. Vielleicht gingen ihm auch die Ideen aus; manche seiner Neider hatten schon immer gelästert, seine Erfolge seien hauptsächlich Glückstreffer gewesen und hätten nicht so sehr auf tiefer Einsicht in die Theorie beruht.

Jedenfalls beschloss er, das Gebiet *und* die Methode zu wechseln. Er versuchte, mit Hilfe des Computers Mathematik zu machen. Daran ist nichts Verwerfliches, nur dachte er nicht algorithmisch und setzte also seinen Computer als unangemessenes Werkzeug ein. Zuerst lieh er sich über Weihnachten einen PC aus. Als auch nach Weihnachten sein Problem noch nicht gelöst war, kaufte er sich selbst einen Computer, um längere Zeit damit arbeiten zu können. Monate später stellte er fest, dass dieser Rechner zu langsam war, und er benutzte einen modernen, schnellen Rechner seiner Universität. Aber auch damit konnte er sein Problem nicht lösen.

Er sitzt noch heute tagtäglich einsam vor seinem Rechner und arbeitet unerschütterlich an seinem Problem. Obwohl er sich (von außen betrachtet) hoffnungslos verrannt hat, ist er keineswegs traurig. Im Gegenteil, er ist überzeugt, dass er „demnächst, wahrscheinlich in ein, zwei Monaten" den großen Durchbruch haben werde. Und dann werde alle Welt eines Besseren belehrt sein.

Der Jeanstyp

Obwohl er längst zu den Arrivierten gehört, bereits in jungen Jahren Professor geworden ist, heute Herausgeber von Zeitschriften, Organisator von Tagungen ist und mit den Koryphäen der Welt verkehrt, hat er seine Studenten- und Assistentenzeit äußerlich (vielleicht auch innerlich) nicht hinter sich gelassen. Er will immer noch die Rolle von damals spielen. Er trägt ausschließlich Jeans (ausgewaschen, ausgefranst und auch nicht immer ganz sauber), er kämmt sich (augenscheinlich) nie, sein Bart ist wie sein ganzes Äußeres vernachlässigt. Damit will er signalisieren, dass er diese Dinge für völlig sekundär hält und es ihm in Wirklichkeit auf ganz andere Werte ankommt.

Er spricht alle Studierenden mit Du an und findet es ganz toll, dass er mit Studierenden, die höchstens halb so alt wie er sind, so „locker" kommunizieren kann. (Dass manchen der Studierenden das vielleicht nicht angenehm ist, weil sie keine Distanz zu dieser vereinnahmenden „Lockerheit" entwickeln können, kommt ihm nicht in den Sinn.) Manchmal ist er allerdings nicht so rücksichtsvoll, wie das zunächst scheint: Er verlangt nicht nur fachlich von seinen Studenten viel, sondern er bringt sie auch dazu, ansonsten für ihn zu arbeiten: Kopieren, Gäste vom Bahnhof abholen, ...

Der Fundamentalist

Es gibt nur eine Mathematik. *Er* kennt sie.
Es gibt nur eine Art, Mathematik zu lehren. *Er* kennt sie.
Es gibt nur eine Art, ein Mathematikbuch zu schreiben. *Er* kennt sie.

Er beschäftigt sich mit einem Randgebiet der Mathematik, in dem sich außer ihm noch zwei Leute auf der Welt auskennen. Er behauptet: nur einer.
Die Hörer seiner Vorlesungen sind an einer Hand abzuzählen. Er sagt: Weil die Studenten durch seine drittmittelgeilen Kollegen verdorben sind.
Seine Arbeiten sind ebenso unlesbar wie die meisten anderen Arbeiten auch; er hat ein Buch geschrieben, das selbst von wohl gesonnenen Kollegen für unlesbar gehalten wird. Er ist der Überzeugung, dass „unter Umständen *ein* Leser schon viel ist".

Der Aristokrat

Ein Vertreter der alten Schule. Er ist stets korrekt gekleidet: Gut sitzender Anzug mit dazu passenden (!) Schuhen und Krawatte. Er ist höflich, ja freundlich, aber in gewissem Sinne auch unnahbar korrekt. Er weiß stets, was er will, und setzt dies auch mit einer Mischung aus (leicht) aufdringlicher Freundlichkeit, Geistesgegenwart und der richtigen Attacke zum richtigen Zeitpunkt durch.
Er denkt nicht nur mathematisch äußerst akribisch, sondern hat eine ausgesprochene Begabung für algorithmisches Denken. So ist es nicht erstaunlich, dass er bereits in jungen Jahren ein originelles Buch über Grundlagen

der Informatik, die damals gerade im Entstehen war, geschrieben hat, in dem er alle Begriffe formal und äußerst präzise definierte. Das Buch wird oft zitiert, wurde immer wieder nachgedruckt, hat aber merkwürdig wenig Einfluss gehabt

Er ist einer der wenigen Mathematiker, die nicht nur die Entwicklung der Forschung verfolgen, sondern die Arbeiten ihrer Kollegen wirklich lesen. Er entdeckt alle Fehler und teilt diese dem Autor freundlich, aber gnadenlos mit.

Seine Mitarbeiter fördert er außerordentlich: Er ist immer ansprechbar und geht die Entwürfe und Arbeiten der Mitarbeiter so genau mit diesen durch, dass anschließend jedes Komma (und erst recht die Mathematik) stimmt.

Er lebt sehr gesund, treibt viel Sport und lässt andere daran teilhaben. Berühmt sind die „Wanderungen", die er sommers gerne veranstaltet, und denen sich Mitarbeiter und Gäste nur schwer entziehen können.

Der Angeber

Jeder Mathematiker hat eine Liste seiner Veröffentlichungen. Er nicht: Er hat eine Liste der *Zeitschriften*, in denen er veröffentlicht hat.

Die meisten Mathematiker haben eine Liste der Universitäten, an denen sie einen Vortrag gehalten haben, nicht er: Er hat eine Liste der Anfangsbuchstaben der Orte, an denen er einen Vortrag gehalten hat. Als er das erste Mal nach Deutschland kam, fehlte ihm noch das X; er brachte seinen Gastgeber dazu, einen Vortrag in Xanten zu organisieren, und so war auch diese Lücke geschlossen.

Unter seinen in der Tat zahlreichen Veröffentlichungen finden sich einige mit reichlich skurrilem Inhalt (und passendem Titel). Etwa seine Arbeit „Die Symmetriegruppen der griechischen Großbuchstaben", in welcher er zum Beispiel feststellt, dass A und Ω isomorphe Symmetriegruppen haben, aber Γ und Δ nicht. Ein anderes Beispiel ist seine Abhandlung „Erfüllen Gruppen ohne jedes Element alle Eigenschaften der Gruppentheorie oder keine?".

Vor einigen Jahren unterhielt er sich im Rahmen eines Empfangs mit einem anderen Mathematiker, der ihn nicht kannte. Dieser fragte ihn, in welchem Teilgebiet er forsche. Darauf nannte er ein damals modisches mathematisches Gebiet. Da meinte der Mathematiker: „Damit können Sie berühmt werden!", worauf er ohne Zögern erwiderte: „Ich *bin* berühmt!"

Seine Vorträge sind berüchtigt. Einmal hatte er die Ehre, den Eröffnungsvortrag eines großen internationalen Kongresses zu halten. Nach den feierlichen Eröffnungsworten und Grußworten begann er – immer noch im Beisein aller Honoratioren – seinen Vortrag über neueste Ergebnisse seines Gebietes.

Nach einer halben Stunden schließt er seinen Vortrag und sagt: „Ich habe noch 15 Minuten Zeit; ich bin überzeugt, dass es für Sie alle nützlicher ist, wenn ich Ihnen beibringe, wie man Folien benutzt, als wenn ich Ihnen weitere mathematische Ergebnisse vorstelle", und fährt fort, den Anwesenden (darunter immerhin ein gutes Hundert gestandener Mathematiker) im Detail zu erklären, wie man gute Präsentationsfolien macht.

Während unter den Mathematikern seines eigenen Gebiets seine mathematischen Fähigkeiten eher gering eingeschätzt werden und über seinen Geschmack offen gelästert wird, steigt sein Ansehen mit der Entfernung von seinem Arbeitsgebiet ins schier Unglaubliche: Er hat ein Buch zusammen mit Claude Levi-Strauß geschrieben, Umberto Eco und Willy Brandt haben andere seiner Bücher mit Vorworten geschmückt.

Der Ordentliche

Er hält Sparsamkeit für eine Tugend, die aus der übergeordneten Tugend der Ordnungsliebe zwangsläufig folgt – und Ordnungsliebe ist seiner Meinung nach die Grundeigenschaft jedes Mathematikers. Er ist außerordentlich gut organisiert – und hat seine Umwelt gleich mitorganisiert. Alte Übungsblätter hat er säuberlich gestapelt und benutzt die Rückseiten für seine Notizen. Bevor er eine Arbeit kopiert, überlegt er, ob es nicht sinnvoller ist, das Wesentliche zu exzerpieren und von Hand in sein Notizbuch einzutragen. Computer hat er nie gemocht, bis er die Möglichkeit von E-Mail entdeckt hat; es bereitet ihm noch jedes Mal eine heimliche Freude, einen Brief, ohne einen Pfennig Porto zu zahlen, nach Amerika zu schicken. An der Wählscheibe seines Telefons (einen moderneren Apparat hat er nicht und braucht er auch nicht) hängt ein kleines Vorhängeschlösschen, damit niemand in seiner Abwesenheit ein Gespräch führen kann. Seinen Urlaub verbindet er stets mit einer Fahrt zu einer Tagung, damit er die Reisekosten von der Steuer absetzen kann.

Als er erfuhr, dass aus der Bibliothek des Fachbereichs Mathematik jährlich etwa zehn Bücher verschwinden, und vermutet wurde, dass dies wahrscheinlich daran liegt, dass Studierende die Bücher „aus Versehen" mitgenommen haben und dann einfach vergessen, diese zurückzubringen, kannte sein Erstaunen keine Grenzen: „Das sind doch alles Mathematiker! Ich kann mir einfach nicht vorstellen, dass ein Mathematiker vergisst, ein Buch zurückzubringen!"

Seine wissenschaftliche Leistung und seine Vorlesungen sind tadellos: Alles ist bis aufs i-Tüpfelchen geplant und läuft ab wie am Schnürchen. Um die Studierenden zu aktivieren, stellt er in seinen Vorlesungen mitunter Verständnisfragen. Obwohl diese äußerst leicht zu beantworten sind (Gerüchte sagen, dass es nur zwei Antworten gibt: „Die leere Menge" und „Die Nullabbildung"), wagt nie ein Student oder eine Studentin eine Antwort.

Er ist dann der Überzeugung, dass die Studierenden heute „gerade bei den grundlegenden Kenntnissen viel schlechter sind als damals". In dieses Bild passt, dass er den ganzen Tag im Institut ist, die Tür seines Büros immer offen steht, aber noch nie ein Student freiwillig sein Zimmer betreten hat.

Die scheinbar Schüchterne

Mathematik war ihre erste Liebe. Sie wusste, dass sie Mathematik studieren würde, und sie tat es - entgegen dem Rat aller Verwandten. Sie glaubte, dass sie Mathematikprofessorin werden würde, und sie wurde es - entgegen den Befürchtungen aller Freunde. Dabei scheint sie alles andere als durchsetzungsfähig zu sein. Sie spricht leise und langsam, aber sie weiß, was sie sagt. Sie meldet sich selten zu Wort, aber sie hat etwas zu sagen. Sie schreibt nur wenige Arbeiten, aber die haben's in sich.

Sie liebt nicht nur die Mathematik, sie hat auch die Mathematiker gern. Ihre Liebe zur Mathematik überträgt sich auf ihre Kollegen und Schüler und auf deren Umgang miteinander. Sie hat ihren sanften, aber genauen Blick, ihre freundliche, aber bestimmte Art, ihre angenehmen, aber klaren Umgangsformen an ihre Schüler vererbt.

Diese Leistung ist vermutlich noch größer als die ihrer mathematischen Arbeiten.

Warum Mathematik?

Es gibt die unterschiedlichsten Gründe, Mathematik zu studieren beziehungsweise Mathematikerin oder Mathematiker er zu werden. Hier sind einige.

Jemand wird Mathematiker
    weil er in Mathematik immer gut war,
    weil er von der Zahl π fasziniert ist,
    weil er weiß, dass der MP3-Player Mathematik ist,
    weil er die 4. Dimension verstehen will,
    weil er die Primzahlformel finden will,
    weil er beim Aufsatz immer froh war, wenn er die zweite Seite erreichte,
    weil er als Mathematiker immer Jeans tragen kann,
    weil er glaubt, Mathematik sei der Schlüssel zur Welt,
    weil er glaubt, dass die Mathematik Schönheit in Reinkultur ist.

Er studiert Mathematik
    weil er ein ordentlicher Mensch ist,
    weil er die Welt durch reines Denken verstehen will,
    weil es nur in der Mathematik ideale Größen und Formen gibt,
    weil er in der Mathematik Menschen findet, mit denen er sich vernünftig unterhalten kann,
    weil er ein introvertierter Einzelgänger ist,
    weil er vom Leistungskurs Mathematik nicht abgeschreckt wurde,
    weil ihm die BWLer zu aufgeblasen sind,
    weil Mathematik keinen NC hat,
    weil ihn alle davor gewarnt haben.

Sie studiert Mathematik
    weil das niemand von ihr erwartet,
    weil sie weiß, was sie kann,
    weil sie sich gute Karrierechancen ausrechnet,
    weil ihr Geometrie Spaß gemacht hat,
    weil es ein gutes Gefühl ist, wenn eine Gleichung aufgeht,

weil sie die reinste Wissenschaft studieren will,
weil sie ihrem Mathematiklehrer beweisen will, dass sie es kann,
weil sie von Ökotrophologie angewidert ist,
weil sie denkt „warum nicht?".

Jemand (er oder sie) mag Mathematik
weil Mathematik Ordnung ist
weil in Mathe alles klar ist,
weil Philosophie zu wenig exakt ist,
weil Mathematik wichtig ist,
weil man mit einem abstrakten Kalkül alle Probleme emotionsfrei lösen kann,
weil man in der Mathematik Raum für Phantasie findet,
weil man die Welt genauer sehen möchte,
weil man die Schönheiten der Welt entdecken will,
weil...

Angewandte Mathematik
oder
Warum und wie?

Hier finden Sie:

- Eine Studentin, die ihren Professor in Verlegenheit bringt

- Anwendungen der Mathematik in der Kryptographie zusammen mit einer Begründung, warum es gut ist, Mathematik anzuwenden

- Eine überraschende Anwendung des altbekannten Würfels

Auf der Suche nach der angewandten Mathematik
Eine Komödie in fünf Akten

Viele meinen, die sogenannte angewandte Mathematik (worunter dann numerische Mathematik und Stochastik verstanden wird), das sei wenigstens was. Dem steht entgegen, dass die meisten Mathematiker in ihrem Beruf keinerlei Mathematik brauchen – unabhängig davon, ob diese rein oder angewandt ist.

1. Akt: Vorspiel

Nach einer Vorlesungsstunde in Analysis I spricht eine Studentin den Professor an und beschwert sich: „Ich finde Ihre Vorlesung in letzter Zeit ziemlich abgehoben. Das geht meinen Kommilitonen genauso. Wir wissen nicht, was das alles soll."

Und da der Professor nichts erwidert, fährt sie fort: „Sie haben doch zu Beginn der Vorlesung gesagt, dass die Mathematik der Grundvorlesungen wichtig für die Anwendungen sei. Vielleicht könnten Sie mal über solche Anwendungen berichten, dann stellt sich bei uns bestimmt wieder die Motivation ein."

Der Professor ist ein alter Hase und weiß daher, dass sich an einem gewissen Punkt der Anfängervorlesungen die Irritation der Studierenden manifestieren muss.

Aber er ist doch sehr erstaunt, dass jemand gerade *seine* Vorlesung unverständlich findet, hat er doch diesmal einen sehr allgemeinen Ansatz gewählt, mit dem er sich viel Zeit spart und die mathematischen Argumente auf ihren Kern reduziert.

Er weist daher den Vorwurf der Unverständlichkeit – leicht verwirrt – zurück. Da die Studentin aber immer noch vor ihm steht und offenbar auf eine Antwort wartet, greift er ihre Anregung auf und verspricht, in einer der nächsten Vorlesungsstunden über Anwendungen zu berichten.

2. Akt: Entwicklung des Konflikts

Gesagt, getan. Zu Beginn der nächsten Stunde, während noch wie üblich eine Reihe von Studierenden eintrudeln, berichtet er, dass die Mathematik im allgemeinen, speziell aber die Analysis nicht nur durch Fragestellungen aus der Physik *motiviert* sei, sondern auch bedeutende *Anwendungen* habe. Dies gelte auch heute noch für die Physik, die ohne Mathematik nicht denkbar sei. Als Beispiel nennt er die Theorie der Differentialgleichungen; diese werde in der Analysis entwickelt und mit Hilfe der numerischen Mathematik praktisch nutzbar gemacht. Aber das würden sie dann im vierten Semester hören. Ferner gebe es die Stochastik, die eigentlich überall angewandt werde und zu deren Verständnis man sehr viel Mathematik (er nannte „Maßtheorie") brauche.

Der Professor ist der Überzeugung, damit sein außermathematisches Motivationssoll erfüllt zu haben und will sich erleichtert der nächsten Definition zuwenden. Er hat aber die Wirkung seiner Ausführungen auf die Hörer falsch eingeschätzt.

Dies liegt zum einen daran, dass die allermeisten Studierenden mit Physik nichts am Hut haben. In den letzten Schuljahren hatten sie keine Physik gehabt, ihr Nebenfach ist Informatik oder Wirtschaftswissenschaften; physikalische Anwendungen haben für sie ausgesprochen exotischen Charakter. Zum anderen spüren sie deutlich, dass die Ausführungen ihres Professors nur Ausflüchte waren.

Und was der Professor insgeheim befürchtet hatte, geschieht nun auch: Die Studentin meldet sich wieder zu Wort und muss jetzt, da ihr jetzt alle zuhören, deutlicher werden: „Für mich sind das alles nur Worthülsen. Ich habe den Eindruck, dass sich die gesamte Mathematik – auch die sogenannte „angewandte Mathematik" – in einem Elfenbeinturm eingerichtet hat. Wir wollen wissen, ob das, was wir hier machen, auch mit unserem realen Leben zu tun hat. Wir wollen wissen, wo mathematische Methoden außerhalb der Mathematik angewandt werden!"

Der Professor ist leicht verlegen, weil er im Grunde der Studentin Recht geben muss. Da fällt ihm glücklicherweise ein, dass einer seiner ehemaligen Diplomanden in der Industrie arbeitet, und erleichtert macht er der Studentin den Vorschlag, dass sie sich, wenn sie authentisch erfahren möchte, wo und wie Mathematik wirklich angewandt wird, sich an diesen Mathematiker in der Praxis wenden könne.

3. Akt: Die andere Seite

Die Studentin lässt sich die Telefonnummer geben und ruft den praktischen Mathematiker an. Nachdem sie ihr Anliegen vorgebracht hat, hört sie vom anderen Ende der Leitung schallendes Gelächter: „Anwendungen von Mathematik im Beruf? Das einzige, was du von Mathematik können musst, ist Zahlen mit zwei Nachkommastellen zu addieren!"

„Aber unser Professor hat gesagt, dass man für die Praxis Differentialgleichungen und Stochastik können muss!?" Das Gelächter hört nicht auf: „Das hat er uns auch schon gesagt. Aber wenn man sein ganzes Leben innerhalb der Universität verbringt, kann man eben nicht wissen, wie die Welt draußen aussieht. Mal ernsthaft: Das letzte Mal, als ich eine Differentialgleichung gesehen habe, war während meiner Vordiplomprüfung!" „Aber Statistik?" wagt die Studentin einzuwenden. „Ich hab tatsächlich mal Statistik angewandt, aber das einzige, was ich dafür können musste, war auf den richtigen Knopf zu drücken, um ein Statistikprogramm aufzurufen. Den Rest machte der Computer."

Die Studentin ist der Verzweiflung nahe: „Weshalb studiere ich dann überhaupt Mathematik?" „Das weiß ich natürlich nicht. Aber ich selbst habe auch Mathematik studiert; mir hat es viel Spaß gemacht, und ich habe es nie bereut."

Die Studentin fühlt sich verständlicherweise unwohl. Sie hat den Eindruck, sich gegenüber beiden Seiten verteidigen zu müssen. Sie macht das Beste aus der Situation und schlägt vor, dass sich vielleicht alle drei zusammensetzen könnten, um sich über ihre Erfahrungen direkt auszutauschen.

4. Akt: Die Meinungen prallen aufeinander

Im Laufe des Gesprächs wird auch dem Professor deutlich klar gemacht, dass seine Vorstellung von „Anwendungen der Mathematik" offenbar Wunschträume sind, die nie mit der Realität konfrontiert wurden. Er erinnert sich jetzt auch seines schwäbischen Kollegen, der eines Tages am Boden zerstört zu ihm kam und von einem ehemaligen Studenten berichtete, der ihn nach einigen Monaten Berufstätigkeit besucht hatte. Der Kollege hatte völlig desillusioniert gestöhnt: „Jetzt schafft mein Schtudent scho a halbs Jahr beim Siemens und hat no kein einzigs Integral glöst!"

Nachdem die Teilnehmer des Gesprächs ihre Meinungen ausgetauscht haben, fragt der Professor den Industriemathematiker, womit man dann überhaupt die Studierenden dazu bringen könne, Mathematik zu studieren. Da wird aber die Studentin energisch: „Eines muss ich mal klarstellen. Wir wollen hier nicht durch Tricks verführt werden, irgendetwas zu machen. Ich habe mich fürs Mathematikstudium entschieden und weiß auch, dass Mathematik schwierig ist. Wir möchten aber reinen Wein eingeschenkt bekommen, und uns nicht irgendwelche Wunschträume von Ihnen vorgaukeln lassen."

Der Industriemathematiker wendet sich an die Studentin: „Ich finde gut, dass du machst, was dir Spaß macht. Dieses Prinzip solltest du während des ganzen Studiums beibehalten, auch wenn du dich in der zweiten Studienhälfte spezialisierst. Es ist ziemlich egal, ob du ein sogenanntes angewandtes Fach, wie etwa numerische Mathematik oder Stochastik oder ein sogenanntes reines Fach wie Algebra, Zahlentheorie oder Geometrie als Spezialgebiet wählst – brauchen kannst du von dem Stoff später sowieso nichts. Früher waren in Spezialgebieten Anwendungen der Analysis gefragt, heute gibt es einige Bereiche, in denen Kenntnisse der „diskreten Mathematik" nützlich sind. Mehr nicht."

5. Akt. Was können Mathematiker?

„Aber wenn ich mir später eine Arbeit suche, so konkurriere ich dort mit Physikern und Informatikern. Was kann ich denn besser als diese?" „Ganz klar: Die mathematischen Inhalte sind für 95% aller Mathematiker im Beruf irrelevant. Du solltest dir klar machen, dass nach dem Studium etwas Neues beginnt. Du brauchst dort die *Fähigkeiten*, die du während deines Mathematikstudiums gelernt hast."

„Aber das ist doch auch Mathematik: Ich kann vielleicht Integrieren und vollständige Induktion anwenden – aber was nützt mir das?" unterbricht ihn die Studentin. „Nein, diese Fähigkeiten meine ich nicht. Ich spreche von den Fähigkeiten, die du beim Lernen und Betreiben von Mathematik entdeckst und weiterentwickelst."

„Zum Beispiel Beweise führen", versucht's die Studentin noch einmal. Dies greift der Mathematiker aus der Industrie auf: „Sagen wir's etwas allgemeiner: analytisches Denkvermögen. Du kannst ein Problem so analysieren, dass dir auch nicht der kleinste Sonderfall durch die Lappen geht. Das lernst du im Mathematikstudium, denn ein „Beweis", der nur zu 99% richtig ist, ist keiner."

Hier schaltet sich der Professor wieder ein; er weiß: „Man lernt auch zu abstrahieren." Völlig unerwartet für die Studentin pflichtet ihm der Industriemathematiker bei: „Abstraktion ist etwas sehr Wichtiges." „Warum?" „Abstrahieren heißt: das Wesentliche vom Unwesentlichen unterscheiden können, es heißt: wissen, worauf es ankommt, mathematisch gesprochen heißt es: wichtige Voraussetzungen eines Satzes von den unwichtigen unterscheiden können."

Bevor dem Professor seine verbliebenen Haare zu Berge stehen, unterstreicht der Mathematiker aus der Wirtschaft die Bedeutung der Fähigkeit zur Abstraktion durch ein Beispiel: „Verschiedene meiner Kolleginnen und Kollegen haben schon die Ansicht geäußert, Mathematiker seien besonders adäquat im Vertrieb eines Unternehmens einzusetzen."

„Wie bitte?" „Was? Wohl zur Endlagerung?" – „Nein, keineswegs. Vertrieb bedeutet nicht, Klinken zu putzen und ein minderwertiges Produkt wie saures Bier anzubieten", werden sie aufgeklärt. „Sondern?" „Die ‚Produkte' vieler Firmen sind ja ihr Know-how, ihre Fähigkeit, gewisse Probleme der Kunden zu lösen. Daher muss jemand da sein, der das Problem des Kunden richtig durchleuchtet und das Wesentliche vom Unwesentlichen unterscheiden kann. Und es muss jemand da sein, der weiß, was die Firma anbieten kann, und mit welchem Aufwand das Problem dann zu lösen ist. – Aufgaben, die typischerweise ein Mathematiker erledigen können sollte."

Und bevor die beiden sich von ihrem Staunen erholen, fügt er noch hinzu: „Nicht zuletzt brauchst du auch Frustrationstoleranz. Dein Arbeitgeber zahlt dich auch dafür, dass du, wenn du ein Problem nach zwei Wochen noch nicht gelöst hast, nicht weinend in der Ecke sitzt, sondern weißt, dass dies ein wirklich herausforderndes Problem ist." Dazu kann die Studentin nur bestätigend nicken: „Das habe ich bestimmt gelernt, wenn ich weitere vier oder fünf Jahre lang versuchen werde, diese (dabei schaut sie den Professor an) Übungsaufgaben zu lösen."

Nachdem die Probleme zwar nicht gelöst, aber wenigstens geklärt sind, treten die Personen der Handlung wieder ab.

Die Studentin sinniert: Jetzt sehe ich die Funktion der Mathematik im Beruf ganz anders als vorher. Wie wird sich das auf mein Studium auswirken?

Der Professor grübelt: Müsste ich vielleicht meine Vorlesungen anders anlegen? Vielleicht ist die Vollständigkeit des Stoffes gar nicht so entscheidend wie die Behandlung der grundlegenden Methoden.

Der *Mathematiker aus der Praxis* denkt: Mir ist wieder bewusst geworden, was ich in meinem Studium eigentlich gelernt habe. Vielleicht sollte es häufiger Begegnungen zwischen Industrie und Universität geben, damit wir voneinander profitieren können.

Irrtum ausgeschlossen
oder
Computer lesen
nach der Ganzwortmethode

„Irren ist menschlich", sagt das Sprichwort – und lässt uns dabei vergessen, dass auch Computer irren, also solche Maschinen, auf deren Zuverlässigkeit wir Menschen in besonderem Maße angewiesen sind. Ganz besonders fehleranfällig ist die Stelle, an der Computer mit Menschen kommunizieren oder umgekehrt.

Eine uns allen bekannte Erfahrung ist die, beim Telefonieren seinen Gesprächspartner nicht oder nur unvollständig zu verstehen. Einige Signale werden ‚unterwegs' verschluckt, verstümmelt, überlagert, unkenntlich gemacht. Dies ist ein vertrautes Beispiel für ein ganz allgemeines Phänomen, nämlich das der Störung der Signale bei der Übertragung von Daten. Dabei denken wir in diesem Zusammenhang nicht an mutwillige, planvolle Eingriffe, sondern an Störungen, die aufgrund irgendwelcher, nicht genau vorhersagbarer Gegebenheiten auftreten. Typische Beispiele sind maschineninterne Fehler und atmosphärische Störungen. Diese Irrtümer haben zufälligen Charakter.

Die Wissenschaft, die sich damit beschäftigt, solcher Irrtümer Herr zu werden, ist die *Codierungstheorie*. Um die grundlegende Methode dieser mathematischen Disziplin verstehen zu können, denken wir an das Telefonbeispiel zurück. Was mache ich, wenn ich den Eindruck habe, dass mich mein Gegenüber am Telefon nicht versteht? Nun, ich wiederhole die relevanten Wörter und Sätze, und in extremen Fällen greife ich sogar auf ein „Buchstabieralphabet" zurück.

Deutsch	International
Anton	Amsterdam
Berta	Baltimore
Cäsar	Casablanca
Dora	Dänemark
Emil	Edison
Friedrich	Florida
Gustav	Gallipolli
Heinrich	Havanna
Ida	Italia
Julius	Jerusalem
Kaufmann	Kilogramme
Ludwig	Liverpool
Martha	Madagaskar
Nordpol	New York
Otto	Oslo
Paula	Paris
Quelle	Québec
Richard	Roma
Samuel	Santiago
Theodor	Tripolis
Ulrich	Uppsala
Viktor	Valencia
Wilhelm	Washington
Xanthippe	Xanthippe
Ypsilon	Yokohama
Zacharias	Zürich
Ärger	
Ökonom	
Übel	
Charlotte	
Schule	

Ein weiteres Beispiel für Fehlerkorrektur finden wir in der deutschen Sprache. Sprachen sind in einem solchen Ausmaß redundant, das heißt, sie befördern so viel überschüssige Information, dass man alls vrsteht, auc wnn einge Bchstbn fhln. Selpst wen groppe recktschraib Fehlr auftren ged dr ßinn nich värlohn.

Diese Eigenschaft der Sprache wird auch von Dichtern geschätzt. In den Gedichten von Matthias Koeppel, die unter dem Titel „Starckdeutsch" erschienen sind, stimmt fast kein Buchstabe. Dennoch kann der Sinn (hinter dem sich manchmal Banales, manchmal starker Tobak verbirgt) stets eindeutig rekonstruiert werden. Manches Buchstabenkonglomerat erschließt sich allerdings erst, wenn man einige Zeilen weiter gelesen hat. Ich empfehle Ihnen, den Genuss des folgenden Leckerbissens durch langsames und lautes Lesen zu maximieren.

Vüdeorr
Arpentruhh, – monn sützzt darheimi.
S luiffdt ümm Zatt Dö aFF n Kreimi.
Arr äRR Döö dutt'z eubartrompffn
Mütt Jauochimm Kaulenkompffn.
Wöhrind sü mm Kreimi murrdn,
üßßt drr Kauli uffgezuichnit wurrdn
uff drr Vüdeorr-Kassottn,
di wür pfühar nuch nöcht hottn.
Wüll monn dantzn geihn, – süch ammizuren,
dutt monn'z Vüdeorr prograugrammuren.
Duch nunn kimmt örst diss Praubleimen:
Wonn sull monnz zrr Kanntnüss neihmen,
wosz monn uffgezoichnit hautt?
Murginz hott monn koine Zautt,
arpendtz kimmen nuije Kreimis –
onnuffleußpare Prubleimis.
Ünn dmm Orrckaus moßß monn schuttn
Onngesööhen di Kasuttn!

———————————

Die Redundanz der Sprache, genauer gesagt die Redundanz jedes einzelnen Wortes ist auch ein Aspekt, unter dem man die so genannte „Ganzwortmethode" beim Lesenlernen betrachten kann. Die Idee dabei ist die, ein Wort nicht, von vorne beginnend, Buchstabe für Buchstabe zu lesen – mit der Gefahr bei einem unbekannten oder fehlerhaft gelesenen Buchstaben ‚hängenzubleiben', sondern primär das Wort als Ganzes zu sehen, um dann davon ausgehend die einzelnen Buchstaben zu erkennen. (Ich erkläre ausdrücklich, dass diese Beschreibung weder als Argument für noch als Argument gegen die Ganzwortmethode missbraucht werden soll. Ich selbst habe jedenfalls one die Ganzwortmetode Lesn udn schriebn gelern.)

Die Idee der Codierungstheorie kann man an diesen Beispielen gut erkennen. Man darf sich nicht darauf beschränken, die reine Nachricht, sozusagen im Telegrammstil zu senden (sonst ist man Fehlern hoffnungslos ausgeliefert), sondern man muss *mehr* senden, und zwar so, dass die Nachricht (auf die es uns ja allein ankommt) aus dem Kontext, das heißt der „reinen" Nachricht zusammen mit der „Kontrollinformation", rekonstruierbar ist. Ein etwas bescheideneres Ziel ist, wenigstens zu erkennen, ob die Nachricht fehlerfrei übermittelt wurde oder nicht.

Unglaublich aber wahr: Die Mathematik ist in der Lage, dieses Problem zu lösen! Wir machen uns die Idee zunächst an einem idealisierten Beispiel klar, und betrachten dann einige real existierende Codes.

Stellen wir uns vor, wir wollten eine Nachricht übermitteln. Der Einfachheit halber nehmen wir an, dass wir nur die 16 häufigsten Buchstaben

A, B, C, D, E, G, H, I, L, M, N, O, R, S, T, U

verwenden. Zunächst stellen wir jeden Buchstaben mittels einer vierstelligen Folge von Bits, das heißt Nullen und Einsen dar:

A	0000	L	1000
B	0001	M	1001
C	0010	N	1010
D	0011	O	1011
E	0100	R	1100
G	0101	S	1101
H	0110	T	1110
I	0111	U	1111

Was soll nun bedeuten, dass der diese Daten verarbeitende Computer sich *irrt*, oder, wie man auch sagt, dass ein *Fehler* passiert? Das soll heißen, dass bei der Übermittlung einer solchen Symbolkette *zufällig* eine 0 in eine 1 verwandelt wird oder umgekehrt. Wenn dies tatsächlich passiert, wenn also zum Beispiel 0100 in 0000 verwandelt wird, so liest der Empfänger der Nachricht A statt E. Er hat keinerlei Kontrollmöglichkeit; er muss der – falschen – Botschaft glauben.

Der Empfänger der Nachricht befindet sich in einer wesentlich besseren Situation, wenn der Sender – gemäß der vorher entwickelten Idee – nicht nur jeweils vier Bits übermittelt, sondern jeder solchen Viererkette noch eine Null oder eine Eins anhängt. Wenn dies willkürlich geschieht, dann wird der Nutzen gering sein. Das Anhängen eines weiteren Symbols muss also systematisch erfolgen. Üblicherweise geht man dabei folgendermaßen vor:

- Man hängt eine Null an, wenn vorher die Anzahl der Einsen *gerade* war;

- Man fügt eine Eins hinzu, wenn die Anzahl der Einsen bislang *ungerade* war.

Damit wird erreicht, dass nun die Anzahl der Einsen in jedem Fall *gerade* ist. Die neuen Symbolketten sehen also folgendermaßen aus:

A	00000	L	10001
B	00011	M	10010
C	00101	N	10100
D	00110	O	10111
E	01001	R	11000
G	01010	S	11011
H	01100	T	11101
I	01111	U	11110

Wenn nun ein Fehler (aber nur einer!) passiert, dann wird die Anzahl der Einsen in der gerade übermittelten Fünferkette um 1 erhöht oder um 1 erniedrigt; in beiden Fällen ist die Anzahl der ankommenden Einsen ungerade. Der Empfänger wird also die empfangene Symbolkette nicht als korrekte Darstellung eines Buchstabens akzeptieren und konsequenterweise die Annahme verweigern – und so lange um Wiederholung der Übertragung nachsuchen, bis er eine korrekt decodierbare Nachricht empfangen hat.

Diese Methode versagt allerdings, wenn zwei Fehler auftreten. Wenn nämlich an zwei Stellen eine Eins mit einer Null vertauscht wird, dann bleibt die Anzahl der Einsen gerade; folglich kann der Empfänger eine Verfälschung der Symbolkette nicht erkennen. Will man auch noch zwei oder mehr Fehler erkennen, dann muss man auf die komplexeren Methoden der „algebraischen Codierungstheorie" zurückgreifen. Wenn bei der Übermittlung vergleichsweise kurzer Nachrichten aber häufig zwei oder mehr Fehler auftreten, dann sollte man vor allem einen Kanal mit besseren Übertragungseigenschaften wählen.

Dieses Verfahren der Fehlererkennung ist effizient und billig, und ist deshalb auch sehr verbreitet. Zum Beispiel wird die Datenübertragung im Internet durch diese Methode der „Parity-Bits" geschützt.

Die Analogie zum Buchstabieralphabet beim Telefonieren ist klar: Erst aufgrund der Kenntnis des gesamten „Wortes" entscheidet man über die Korrektheit einzelner „Buchstaben". („Wort" steht hier für eine Fünferkette, während „Buchstaben" den einzelnen Bits entsprechen.)

Man nennt die Darstellung der Buchstaben durch ein solches „fehlererkennendes" Muster auch einen Code; das zur Fehlererkennung angehängte Symbol wird *Prüfziffer* oder *Kontrollziffer* genannt.

Solchen Codes begegnen wir im Alltag auf Schritt und Tritt. Sie werden natürlich vor allem dort eingesetzt, wo ein Fehler bei der Übertragung von Daten viel Ärger hervorruft beziehungsweise eine Menge Geld kostet.

Stellen wir uns zum Beispiel folgende Situation vor. Herr Huber möchte von seinem Konto Geld abheben. Dies wird ihm auch ausbezahlt, und alles scheint in bester Ordnung zu sein. Aber aus Versehen wird irgendwo eine Ziffer seiner Kontonummer verändert – mit dem Effekt, dass das Geld nicht von seinem, sondern von Ihrem Konto abgebucht wird. Um dieser (für Sie!) sehr unangenehmen Situation einen Riegel vorzuschieben, hat die Kreditwirtschaft seit vielen Jahren Prüfziffern für Kontonummern eingeführt.

A. Kontonummern

Eine Kontonummer besteht aus einer Reihe von Ziffern und der *Prüfziffer* P, die als letzte Ziffer der vollständigen Kontonummer erscheint. Bei vielen Banken wird diese Prüfziffer nach folgendem Muster berechnet:

Kontonummer ohne Prüfziffer:	1	8	9	8	2	8	0	1
Gewichtung:		1	2	1	2	1	2	1	2
Produkte (Ziffer × Gewicht):	1	16	9	16	2	16	0	2
Quersummen dieser Produkte:	1	7	9	7	2	7	0	2

Als Summe S dieser Quersummen ergibt sich

$$S = 1 + 7 + 9 + 7 + 2 + 7 + 0 + 2 = 35.$$

Die Prüfziffer P wird nun so bestimmt, dass S + P eine Zehnerzahl ist. In unserem Fall ist also P = 5, und die vollständige Kontonummer lautet 189 828 015.

Was nützt uns diese Prüfziffer? Das Ziel war ja, korrekte Buchungen zu garantieren. Wenn Herr Huber von seinem Konto Geld abheben möchte, so tippt die

Bankangestellte seine Kontonummer ein. Vertippt sie sich, so würde das Geld von einem anderen Konto abgebucht werden – wenn nicht die Prüfziffer als guter Dämon darüber wachen würde, dass dies nicht passiert!

Sobald nämlich die Kontonummer eingetippt ist, berechnet ein Computer für dieser Zifferfolge wie oben die Zahl $S + P$. Nun kommt der Clou: Die eingetippte Ziffernfolge wird nur dann als Kontonummer akzeptiert, wenn $S + P$ eine Zehnerzahl ist. Das Erstaunliche ist nun, dass uns diese ganz einfache Methode gegen zwei sehr häufige Fehler schützt.

1. *Das Einlesen einer falschen Ziffer wird bemerkt.* Wenn zum Beispiel statt obiger Kontonummer die Ziffernfolge **1**39 828 015 eingelesen, so ergibt sich als $S + P$ die Zahl 39, mit der Konsequenz, dass der Auszahlungsvorgang abgebrochen wird.

2. *Die Vertauschung von zwei aufeinander folgenden Ziffern wird bemerkt.* Dies ist bekanntlich gerade in Deutschen ein beliebter Fehler: Man sagt „neunundachtzig" und schreibt konsequenterweise „98". Wenn aber die Bankangestellte statt der korrekten Nummer die Folge **198** 828 015 einliest, so berechnet der Computer $S + P = 41$, und auch in diesem Fall erhält Herr Huber sein Geld nicht.

Man kann sich leicht klar machen (tun Sie das!), dass bei jeder beliebigen Kontonummer

1. das Einlesen einer falschen Ziffer,

2. die Vertauschung von je zwei aufeinander folgenden Ziffern

erkannt wird – es sei denn, es handelt sich um die Ziffern 0 und 9.

Wie schon gesagt, ist das obige System, das wir System 1 nennen, nicht das einzige. Zwei weitere seien hier zur Diskussion gestellt.

System 2

Kontonummer ohne Prüfziffer:	1	8	9	8	2	8	0	1
Gewichtung:	1	3	1	3	1	3	1	3
Produkte (Ziffer × Gewicht):	1	24	9	24	2	24	0	3
Quersummen dieser Produkte:	1	6	9	6	2	6	0	3

Summe S dieser Quersummen:

$$S = 1 + 6 + 9 + 6 + 2 + 6 + 0 + 3 = 33.$$

Die Prüfziffer ergibt sich, indem man S zur nächsten Zehnerzahl ergänzt; also $P = 7$.

System 3

Kontonummer ohne Prüfziffer:	1	8	9	8	2	8	0	1
Gewichtung:	1	3	1	3	1	3	1	3
Produkte (Ziffer × Gewicht):	1	24	9	24	2	24	0	3

Summe S dieser Produkte:

$$S = 1 + 24 + 9 + 24 + 2 + 24 + 0 + 3 = 87.$$

Wieder ergibt sich P durch Ergänzen zur nächsten Zehnerzahl; also $P = 3$.

Versetzen Sie sich nun in die Lage eines Bankdirektors, der sich für die Einführung eines der System 1, 2 oder 3 entscheiden muss. Welches würden Sie wählen?

Wir wollen diesen Abschnitt nicht beenden, ohne zu erwähnen, dass auch die Lokomotivennummern der Deutschen Bahn AG mit einer Prüfziffer gesichert werden – und zwar mit einem System, das völlig analog zu unserem System 1 aufgebaut ist. Wie bitte? Sie glauben das nicht? – Wenn Sie das nächste Mal auf einen verspäteten Zug warten, rechnen Sie doch mal zum Zeitvertreib die Kontrollziffer einer Lokomotive nach!

B. Der ISBN-Code

Seit 1973 kennzeichnen viele Verlage ihre Bücher mit einer Internationalen **S**tandard **B**uch **N**ummer. Beispielsweise hatte die erste Auflage dieses Buches die ISBN 3-528-06783-7. Jede ISBN hat vier Teile. Der erste Teil, der aus einer oder zwei Ziffern besteht, bezeichnet das Land oder die Sprachregion. Zum Beispiel stehen 0 und 1 für englischsprachige, 2 für französischsprachige und 3 für deutschsprachige Verlage; 88 wird für italienische Verlage und 90 für Verlage aus den Niederlanden verwendet. Die nächste Gruppe, die aus mindestens drei Ziffern besteht, dient dazu, den Verlag (in unserem Fall also den Vieweg Verlag) zu identifizieren. Die darauf folgende Zifferngruppe stellt die verlagsinterne Bezeichnung des Buches dar – sie ist also das, was man früher „Bestellnummer" genannt hat. Die letzte Gruppe schließlich, die stets aus einem Symbol besteht, ist (wer hätte es anders gedacht?) ein Prüfsymbol. Dieses wird aus den übrigen Daten auf folgende Weise bestimmt:
Jede ISBN hat genau 10 Ziffern. Diese bezeichnen wir mit

$$Z_{10}, Z_9, Z_8, Z_7, Z_6, Z_5, Z_4, Z_3, Z_2, Z_1.$$

Die letzte Ziffer Z_1 ist also das Prüfsymbol. Wie wird dieses berechnet? Diese geschieht so, dass die Zahl

$$10 \cdot Z_{10} + 9 \cdot Z_9 + 8 \cdot Z_8 + 7 \cdot Z_7 + 6 \cdot Z_6 + 5 \cdot Z_5 + 4 \cdot Z_4 + 3 \cdot Z_3 + 2 \cdot Z_2 + 1 \cdot Z_1$$

eine *Elfer*zahl ist. Konkret geht man so vor: Zunächst bestimmt man

$$S = 10 \cdot Z_{10} + 9 \cdot Z_9 + 8 \cdot Z_8 + 7 \cdot Z_7 + 6 \cdot Z_6 + 5 \cdot Z_5 + 4 \cdot Z_4 + 3 \cdot Z_3 + 2 \cdot Z_2$$

Und stellt dann diejenige Zahl Z_1 fest, die S zur nächsten 11er Zahl ergänzt.

Dieses Prüfsymbol Z_1 kann 0 sein (wenn S selbst eine Elferzahl ist), es kann gleich 1 sein, gleich 2, ..., oder gleich 9 – oder gleich 10 (zum Beispiel, wenn $S = 210$ ist). Was macht man aber, wenn sich $Z_1 = 10$ ergibt, wo man doch nur Platz für eine Prüfziffer hat? – Dann schreibt man an die Stelle von Z_1 einfach **X**, das römische Zeichen für 10. Tatsächlich hat ungefähr jede elfte ISBN als Prüfsymbol ein X.

Als neugierige Leserin oder misstrauischer Leser sollten Sie an wenigstens einem Ihrer Bücher nachprüfen, ob dessen ISBN richtig berechnet wurde.

───────────

Die ISBN-Codierung hat denkbar günstige Eigenschaften. Sie ist den vorher besprochenen Kontonummerncodes bei Weitem überlegen.

1. Jedes Einlesen einer falschen Ziffer wird bemerkt.

2. Jede Vertauschung von zwei beliebigen Ziffern wird bemerkt.

Machen wir uns die zweite Aussage klar: Angenommen, beim Einlesen der korrekten ISBN

$$Z_{10}, Z_9, Z_8, Z_7, Z_6, Z_5, Z_4, Z_3, Z_2, Z_1.$$

werden die beiden Ziffern Z_{10} und Z_9 vertauscht. Das heißt, es wird die Ziffernfolge

$$\mathbf{Z_9, Z_{10}}, Z_8, Z_7, Z_6, Z_5, Z_4, Z_3, Z_2, Z_1.$$

eingelesen. Diese Ziffernfolge ist nur dann eine zulässige ISBN (und ist also höchstens dann eine Bezeichnung für ein echtes Buch), wenn die Zahl

$$\mathbf{10 \cdot Z_9 + 9 \cdot Z_{10}} + 8 \cdot Z_8 + 7 \cdot Z_7 + 6 \cdot Z_6 + 5 \cdot Z_5 + 4 \cdot Z_4 + 3 \cdot Z_3 + 2 \cdot Z_2 + 1 \cdot Z_1$$

eine Elferzahl ist. Ist dies möglich? Um darauf eine Antwort zu erhalten, müssen wir bedenken, dass wir ja von einer zulässigen ISBN ausgegangen sind. Daher wissen wir, dass die Zahl

$$10 \cdot Z_{10} + 9 \cdot Z_9 + 8 \cdot Z_8 + 7 \cdot Z_7 + 6 \cdot Z_6 + 5 \cdot Z_5 + 4 \cdot Z_4 + 3 \cdot Z_3 + 2 \cdot Z_2 + 1 \cdot Z_1$$

garantiert eine Elferzahl ist.

Wenn nun die fälschlich eingegebene Ziffernfolge eine ISBN wäre, so wäre auch die erste Summe eine Elferzahl. Dann könnten wir die beiden Elferzahlen voneinander abziehen und erhielten

$$Z_9 - Z_{10}.$$

Es ist klar, dass diese Zahl als Differenz zweier Elferzahlen auch ein Vielfaches von 11 ist. Die Zahl könnte negativ sein, also -11, -22 usw., oder vielleicht auch 0; das soll uns im Augenblick noch nicht beschäftigen.

Als nächstes überlegen wir uns, wie groß $Z_9 - Z_{10}$ sein muss, beziehungsweise wie groß diese Zahl sein darf. Da Z_9 und Z_{10} Zahlen zwischen 0 und 9 sind, ist $Z_9 - Z_{10}$ höchstens gleich 9. Ebenso ergibt sich, dass diese Zahl nicht kleiner als -9 sein kann.

Fassen wir zusammen: $Z_9 - Z_{10}$ ist eine Elferzahl zwischen -9 und $+9$. Die einzige Zahl in diesem Bereich, die ein Vielfaches von 11 ist, ist die Zahl 0. Also muss $Z_9 - Z_{10}$ gleich 0 sein. Also ist $Z_9 = Z_{10}$. Somit hatten die beiden vertauschten Ziffern den gleichen Wert; eine Vertauschung konnte beim besten Willen nicht bemerkt werden.

Sie sind selbstverständlich eingeladen, die Eigenschaft 2 des ISBN-Codes für beliebige Vertauschungen (zum Beispiel der Ziffern Z_5 und Z_1) nachzuweisen. Danach wird es ganz einfach sein, sich auch von der Gültigkeit der ersten Eigenschaft zu überzeugen.

Sollten Sie bei der nächsten Buchbestellung nicht das gewünschte Buch erhalten, dann sind Sie sicher, dass entweder ganz grobe Fehler beim Einlesen der ISBN gemacht wurden (zum Beispiel falsches Einlesen von mindestens zwei Ziffern), oder dass der Fehler auf anderweitiges „menschliches Versagen" zurückzuführen ist.

C. Der EAN-Code

Wir haben uns schon so sehr an den Strichcode gewöhnt, der auf allen Lebensmitteln und auf vielen anderen Produkten zu finden ist, dass wir uns Einkaufen ohne das Piepsen kaum mehr vorstellen können. Dieser Code wurde eingeführt, um fehleranfälliges und personalintensives manuelles Eintippen von Preisen an den Kassen der Kaufhäuser zu ersetzen durch billiges und sicheres maschinelles Einlesen.

Wir müssen hier zwei Aspekte klar unterscheiden.

1. Die Zuordnung einer *EAN-Nummer* (EAN = **E**uropäische **A**rtikel **N**ummerierung) zu einer Ware. Die EAN-Nummer ist die 13-stellige beziehungsweise 8-stellige Zahl, die unter dem Strichsymbol zu finden ist.

2. Die Übersetzung dieser Zahl in den maschinenlesbaren Strichcode.

Zuerst geben wir das System an, nach dem die 13-stellige EAN-Nummer aufgebaut ist. Die beiden ersten Ziffern bezeichnen das Herstellungsland der bezeichneten Ware. Einige Beispiele:

00-09	U.S.A., Kanada		57	Dänemark
30-37	Frankreich		73	Schweden
40-43	Deutschland		76	Schweiz
49	Japan		80-81	Italien
50	Großbritannien		87	Niederlande
54	Belgien		90-91	Österreich

Die folgenden fünf Ziffern stellen die Nummer des Betriebs dar (in Deutschland die bundeseinheitliche Betriebsnummer, bbn, genannt), während die darauf folgenden fünf Ziffern die vom Hersteller vergebene individuelle Artikelnummer bilden. Die letzte Ziffer schließlich ist eine Prüfziffer, die gemäß dem oben beschriebenen System 3 berechnet wird. Dies geschieht nach folgendem Muster:

EAN-Nummer ohne Prüfziffer: 4 0 1 2 3 4 5 0 0 3 1 5
Gewichtung: 1 3 1 3 1 3 1 3 1 3 1 3
Produkte: 4 0 1 6 3 12 5 0 0 9 1 15

Als Summe S dieser Produkte ergibt sich

$$S = 4 + 0 + 1 + 6 + 3 + 12 + 5 + 0 + 0 + 9 + 1 + 15 = 56.$$

Die Prüfziffer ist diejenige Zahl P, die S zur nächsten Zehnerzahl ergänzt. In unserem Fall ergibt sich P = 4, und die vollständige EAN lautet 40 12345 00315 4.

Falls Sie das noch nicht gemacht haben, sind Sie nun nochmals eingeladen, sich zu überlegen, inwiefern dieser Code Einzelfehler und Vertauschungsfehler erkennt.

Wir haben zwar nicht erörtert, wie man diese 13-stellige Zahl in einen maschinenlesbaren Strichcode übersetzt, wir können aber verraten, dass man bei der EAN die Prüfziffer sogar *hören* kann! Wenn ein Strichcode gescannt wird, dann wird als erstes berechnet, ob die Prüfziffer stimmt. Wenn dies der Fall ist, dann ertönt ein Piep-Ton. Piept es dagegen nicht, so muss die Kassiererin die Ware noch einmal scannen – so lange, bis es endlich piept. Dann erst hat der Kunde die Garantie, dass ihm der Preis *dieses* Artikels und nicht ein Fantasiepreis berechnet wird.

Ein Nachruf auf den ISBN-Code

Jetzt kommt eine traurige Geschichte.

Zu Beginn des 21. Jahrhunderts stellt sich heraus, dass der ISBN-Code zu klein war. Es gab in Osteuropa und im englischen Sprachraum schlicht keine Nummern mehr für neue Verlage beziehungsweise Publikationen.

Daher wurden die Nummern größer gemacht, sie wurden von 10 auf 13 Ziffern verlängert. Und in diesem Zuge wurde die wunderbare ISBN-Codierung aufgegeben und schlicht auf die EAN-Codierung umgestellt mit den vergleichsweise jämmerlichen Fehlererkennungseigenschaften. Aus mathematischer Sicht ein Trauerspiel!

Jeder bisherigen ISBN wurde die Ziffernfolge 978 vorangestellt – und die Prüfziffer gemäß EAN berechnet. Eine Zeit lang konnte man auf den Büchern beide Varianten finden. Auf der Rückseite der 3. Auflage dieses Buches stand die „gute alte" ISBN 3-528-26783-6 friedlich neben der neuen Nummer 978-3-528-26783-4, deren Prüfziffer mit Hilfe des dürftigen EAN-Systems berechnet wurde.

Zusätzlich gibt es für neue Verlage die Zahlengruppe 979 für die ersten drei Ziffern. Damit verdoppelt sich die zur Verfügung stehende Nummermenge.

Literatur

A. Beutelspacher, M-A. Zschiegner: *Diskrete Mathematik für Einsteiger*. Vieweg Verlag [3]2007.

R-H. Schulz: *Codierungstheorie*. Vieweg Verlag [2]2003.

Warum wendet man ausgerechnet Mathematik an?
Überlegungen anhand von Beispielen aus der Kryptologie

Viele Probleme der Praxis werden heute mit mathematischen Methoden gelöst. Warum eigentlich? Gibt es keine anderen Methoden? Oder keine besseren? Wenn man diese Fragen in der Kryptologie, der Wissenschaft von der Sicherheit der Daten, studiert, kommt man zu überraschenden Antworten.

Sicherheit mit mathematischen Methoden

Schon Adam hat versucht, Informationen geheim zu halten; er wollte nicht verraten, dass er einen Apfel vom Baum der Erkenntnis gegessen hatte. Wie wir wissen, war dieser Versuch nicht sehr erfolgreich. Die Menschheit hat seitdem ununterbrochen Mechanismen entwickelt, die Informationen schützen sollen. Die meisten dieser Mechanismen haben einen ähnliche Wirkung wie der Adams: eine sehr eingeschränkte.

Die Frage ist, ob es überhaupt Mechanismen gibt, mit denen man *Informationen verlässlich schützen* kann.

Antwort: Ja! Die Wissenschaft, die solche Sicherheitssysteme konstruiert, ist die *Kryptologie* (auch *Kryptographie* genannt). Um die Vorteile der Kryptologie besser erkennen zu können, betrachten wir zunächst zwei *nichtkryptographische* Mechanismen, die Sicherheit bieten.

Wir schützen wertvolle Gegenstände oder vertrauliche Information häufig dadurch, dass wir sie sicher verwahren, zum Beispiel in einem *Tresor*. Jeder Gegenstand in einem Tresor wird durch diesen physikalisch geschützt. Nur der rechtmäßige Besitzer des Panzerschranks kann diesen mit einem Schlüssel oder durch Eingabe der entsprechenden Zahlenkombination öffnen. Bei Tresoren mit mehreren Schlössern kann man zusätzlich ein Vieraugenprinzip realisieren; das bedeutet, dass mindestens zwei Autorisierte mit dem Öffnen des Tresors einverstanden sein müssen, bevor sich dieser tatsächlich öffnet.

Eine ganz andere Art von Sicherheit ist bei *Banknoten* verwirklicht. Dabei geht es nicht um Verheimlichung, sondern um den Nachweis der Echtheit (Authentizität): *Banknoten dürfen nicht nachgemacht oder verfälscht werden.* Zu diesem Zweck werden raffinierte physikalische und chemische Merkmale an den Banknoten angebracht: Die Deutsche Bundesbank erklärt, dass man die Echtheit der neuen Geldscheine (unter anderem) durch die Echtheitsmerkmale Wasserzeichen, Sicherheitsfaden, Stichtiefdruck, Kippeffekt, Mikroschrift und Durchsichtsregister prüfen kann, und stellt sich selbst „gute Noten für Sicherheit" aus.

Aber Sie kennen bestimmt Berichte über die explosionsartig steigende Zahl falscher Fuffziger, die mit Hilfe von Farbkopierern täuschend echt produziert wurden, und fragen sich vielleicht, ob die Sicherheit, die unsere Banknoten bieten, langfristig ausreichend ist.

Die traditionellen Sicherheitsmechanismen, von denen wir exemplarisch den Tresor und Banknoten erwähnt haben, haben zwei charakteristische Eigenschaften:

- Sie beruhen auf *unveränderlichen physikalischen Merkmalen.*
  Der Schlüssel für den Tresor ändert sich ebensowenig wie das Wasserzeichen einer Banknote. Diese Unveränderbarkeit hat eine positive Seite und ist Grundlage für diese Art von Sicherheit: Zu einem Tresor mit sich änderndem Schlüssel müsste auch ein sich ständig veränderndes Schloss gehören; durch die statischen und unveränderbaren Echtheitsmerkmale eines Geldscheins wird eine Überprüfung seiner Authentizität erst möglich. Aber die negative Seite ist nicht übersehbar: Wenn es Kriminellen einmal gelingt, sich den Abdruck eines Schlüssels zu besorgen, dann ist der Damm gebrochen, denn er kann Nachschlüssel in beliebiger Zahl herstellen. Wenn es einem Fälscher gelingt, das Wasserzeichen des 100-€-Scheines zu fälschen, dann bietet dieser Mechanismus keinen Schutz mehr.

- Viele traditionelle Sicherheitsmechanismen beruhen auf *prinzipiell bekannten, nicht geheimen Eigenschaften.*
  Zwar muss der Schlüssel für einen Tresor sicher verwahrt und die Zahlenkombination geheim aufbewahrt werden, aber die Echtheitsmerkmale von Geldscheinen werden ausdrücklich bekannt gemacht. Nur wer sie kennt, kann sie prüfen und damit die Authentizität des Geldscheins nachweisen.

Offenbar kann die durch solche und ähnliche Mechanismen erzielte Sicherheit nur empirisch „gemessen" werden. Etwas bösartiger, aber realistischer formuliert: Ein System ist nur so lange sicher, bis es geknackt ist! Gerade die Geschichte des Geldes zeigt dass es sich dabei stets um einen Wettlauf zwischen Sicherheitsexperten und – Fälschungsexperten handelt. Durch immer neue Mechanismen versuchen die Notenbanken, wenigstens einen quantitativen Vorsprung vor den Geldfälscher zu halten. Dieser Vorsprung kann aber stets durch neue technische Entwicklungen (Musterbeispiel: Farbkopierer) zunichte gemacht werden.

Spätestens hier erhebt sich die Frage: Muss das so sein? Geht es nicht ganz anders? Gibt es denn keine Sicherheitssysteme, die den Verbrechern keine Chance lassen – und zwar nicht nur heute, sondern auf immer und ewig?

Wenn wir drei Wünsche frei hätten, dann würden wir uns eine Sicherheit wünschen,

- die nicht ausschließlich auf statischen physikalischen Eigenschaften beruht,

- die nicht nur empirisch verifiziert, sondern theoretisch nachgewiesen werden kann, und

- die grenzenlos ist.

Im Märchen gehen Wünsche in Erfüllung. Und so ist es – mit gewissen Einschränkungen – auch in der Mathematik. Das Ziel der Kryptologie, die ein Teilgebiet der Mathematik ist, ist es jedenfalls, Systeme zu entwerfen, die theoretisch beweisbar beliebig hohe Sicherheit bieten!

Spätestens an dieser Stelle werden Sie zweifelnd Ihr Haupt wiegen und denken: Hier übertreibt er aber ganz gewaltig. Warum sollte ausgerechnet die Kryptologie im Gegensatz zu den etablierten Mechanismen solche Wunder vollbringen?

Die Antwort ist einfach: *Weil Kryptologie Mathematik ist.*

Und warum ist Mathematik hier gut? Weil in der Mathematik eine Aussage nur dadurch Gültigkeit erhält, wenn diese logisch bewiesen ist. Beweise – so wenig populär diese bei Schülern und Studierenden manchmal sein mögen – sind in der Tat der entscheidende Vorteil der Mathematik gegenüber den anderen Wissenschaften.

Stellen wir uns zur Illustration vor, wir hätten Geld (vielleicht „elektronisches Geld"), dessen Sicherheit durch kryptologische Mechanismen verwirklicht und mathematisch bewiesen wäre. Dann bräuchten die Bundesbankdirektoren keine Angst vor neuen technischen Entwicklungen haben und könnten ruhig schlafen; denn die Sicherheit beruhte ja nicht auf der „derzeitigen Technologie", sondern wäre ein für alle Mal bewiesen. Denn der Beweis eines Satzes hängt nicht von dem Stand der Technik oder der Meinung bekannter Experten oder Ähnlichem ab. Kurz: *Nichts ist unmöglich – mit Mathematik!*

Viele kryptologische Verfahren haben einen weiteren Vorteil. Wenn es einem Fälscher gelingt, beispielsweise den Sicherheitsfaden billig zu fälschen, so hat es keinen Sinn, eine Erhöhung der Sicherheit zu versuchen, indem man die Banknoten mit *zwei* Sicherheitsfäden ausstattet. Wenn aber ein kryptologisches Protokoll zur Verfügung steht, das bereits eine sehr kleine Unsicherheit von, sagen wir, $1/2^{64}$ bietet, ist es häufig möglich, ein Protokoll zu entwerfen, dessen Unsicherheit nur noch halb so groß ist (also $1/2^{65}$). Das bedeutet: Bei Verwendung kryptologischer Sicherheitsmaßnahmen kann die Sicherheit prinzipiell beliebig hoch gemacht werden.

Ich werde versuchen, diese Thesen anhand der modernen Kryptographie zu belegen – und zu relativieren.

Drei kryptographische Anwendungen

Wir stellen im Folgenden drei Beispiele aus der Kryptologie vor. Das zweite und dritte Beispiel erfordert an jeweils ein oder zwei Stellen mehr mathematische Vorkenntnisse als bisher benötigt wurden. Lassen Sie sich davon aber nicht abhalten, auch den Rest des Kapitels zu lesen!

Zugangskontrolle

An jedem Geldautomaten, an jeder Tankstelle mit electronic-cash tritt bei jedem Bezahlen mit der ec-Karte das folgende Problem laufend auf: Wie kann ein Mensch einem Automat gegenüber seine Identität beweisen? Von der anderen Seite betrachtet: Wie kann sich ein Automat von der Identität einer Person überzeugen?

Dieses Problem tritt nicht nur häufig auf, es ist auch entscheidend, hierfür gute Lösungen zu besitzen: Ihre Bank muss sich davon überzeugen, dass es wirklich Sie sind, der mit Ihrer ec-Karte versucht, Geld abzuheben; denn der Betrag wird Ihrem Konto belastet werden. Ebenso muss der Betreiber eines electronic-cash Systems sicher wissen, von welchem Konto er die Benzinrechnung abbuchen kann, ohne Proteste befürchten zu müssen.

Das übliche Verfahren besteht darin, dass der Kunde seine Identität dadurch nachweist (das heißt: sich *authentifiziert*), dass er dem Automaten ein Geheimnis, zum Beispiel die Geheimzahl mitteilt und dieser überprüft, ob dies dasjenige Geheimnis ist, das zu dem angegebenen Kundennamen oder zu der angegebenen Kundennummer gehört. Bei einem electonic-cash-Zahlungsvorgang *teilt der Kunde seine Identität mit*, indem er die entsprechende Karte einliest und *beweist seine Identität* dadurch, dass er seine PIN (persönliche Identifizierungsnummer) eingibt.

Dies ist ein „Festcode"-Verfahren und hat damit alle Nachteile eines statischen Verfahrens: Da die PIN sich nicht ändert, braucht ein Angreifer diese nur einmal abzuhören und kann von diesem Zeitpunkt an durch Einspielen dieser vormals geheimen Zahl die Rolle des eigentlichen Kunden spielen.

Dieses Verfahren hat aber nicht nur schlechte Seiten; im Gegenteil: Etwas grundsätzlich Gutes steckt darin: *Eine Person weist ihre Identität dadurch nach, dass sie nachweist, ein bestimmtes Geheimnis zu besitzen.* Auf diesem grundlegenden Prinzip bauen *alle* Authentifizierungsverfahren auf. Nur die plumpe Art des Nachweises des Geheimnisses, nämlich seine Preisgabe, ist der Pferdefuß eines jeden statischen Verfahrens.

Wir schauen uns jetzt ein Protokoll an, das eine entscheidende Verbesserung bietet: Es wird kein Geheimnis übertragen, die übertragenen Daten haben nur zufälligen Charakter, und ein Angreifer kann mit diesen Daten weder jetzt noch später etwas anfangen.

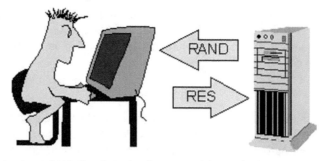

Die Idee besteht darin, dass der Automat sich nur *indirekt* davon überzeugt, dass der Kunde das gleiche Geheimnis hat wie er: Der Automat stellt eine Frage und die Person antwortet darauf, und zwar in Abhängigkeit eines Geheimnisses k. Schließlich vergleicht der Automat die ihm übermittelte Antwort mit der von ihm selbst berechneten.

Man nennt dies ein *Challenge-and-response-Protokoll*. Die Challenge, die Frage, ist dabei die Zufallszahl RAND. Hierbei ist f eine kryptographische Funktion, die unter jedem Schlüssel k einen „Klartext" RAND in einen „Geheimtext" RES = $f_k(RAND)$ verwandelt.

Dies entspricht dem Verfahren, das die Polizei manchmal bei Entführungs-
fällen anwendet, wenn sie sich davon überzeugen möchte, ob der Entführte tatsächlich noch lebt: Sie stellt eine Frage nach einem Detail aus dem Leben des
Entführten, das nur dieser kennt.

Unser Ziel ist hier nicht, die Eigenschaften zu studieren, die eine solche
Funktion f haben muss, damit sie für ein Challenge-and-response-Protokoll
taugt. Durch den Einsatz eines relativ primitiven Protokolls und einer ziemlich
einfachen Funktion wurde ein enormer qualitativer Fortschritt erzielt: Der Kunde muss sein Geheimnis nicht mehr preisgeben! Ein Angreifer kann also grundsätzlich aus dem Abhören der Leitung keinen Nutzen ziehen!

Solche Authentifikationsverfahren sind heute Stand der Technik. Zum Beispiel geschieht die Überprüfung des Benutzers eines Mobilfunktelefons auf genau diese Weise. Ein anderes Beispiel sind die Wegfahrsperren bei Kraftfahr-
zeugen: Wenn Sie für Ihr Auto eine Türverriegelung mit Fernbedienung haben,
muss Ihr Fahrzeug wissen, ob Sie sich ihm nähern oder ob das ausgesendete
Signal von einem anderen kommt. Dies wird häufig mit einem Challenge-and-
response-Protokoll erreicht.

Diese Challenge-and-response-Protokolle wurden in den letzten Jahren erheblich weiterentwickelt und haben in den sogenannten „Zero-Knowledge-Pro-
tokollen" einen unübertrefflichen Grad von Perfektion erreicht.

Einwegfunktionen

Die meisten kryptologischen Anwendungen basieren auf sogenannten *Einwegfunktionen*. Das sind Abbildungen f, die die folgenden, auf den ersten Blick
paradoxen Eigenschaften haben:

• Für jedes x ist f(x) leicht zu berechnen, aber

• wenn ein y gegeben ist, ist es außerordentlich schwer, ein x mit f(x) = y
  zu finden – obwohl ein solches x immer existiert.

Mit anderen Worten: f ist eine umkehrbare Funktion, deren Umkehrung aber
praktisch unmöglich zu berechnen sein soll.

Gibt es solche Einwegfunktionen? Entgegen dem ersten Eindruck wimmelt
es im täglichen Leben nur so von Einwegfunktionen.

Ein erstes Beispiel wird deutlich, wenn wir den englischen Ausdruck ansehen: One-way function, *Einbahnstraßen*funktion. In der Tat erinnert jede Einbahnstraße an eine Einwegfunktion: Die eine Richtung ist einfach, die andere
verboten, und dieses Verbot wird jedenfalls von Autofahrern weitgehend be-
folgt. (Wenn ich bei meinen italienischen Freunden über dieses Thema spreche,
sage ich: Eine Einwegfunktion dürft ihr euch nicht wie eine italienische Ein-

bahnstraße vorstellen, wo man die Anweisung „senso unico" befolgen kann, aber nicht muss. Es handelt sich vielmehr um eine deutsche Einbahnstraße im strengen Sinn.)

Ein weiteres Beispiel liefert jedes *Telefonbuch*. Ein Telefonbuch ist eine Funktion: Jedem Namen wird die Telefonnummer zugeordnet. Es ist einfach, die zu einem Namen gehörige Nummer zu finden, aber sehr schwierig, nur mit Hilfe des Telefonbuchs von einer Nummer auf den zugehörigen Namen zu schließen. (Ohne Telefonbuch geht's natürlich ganz einfach: Wenn man die Nummer wählt, meldet sich der Teilnehmer in der Regel mit seinem Namen.)

Ein letztes alltägliches Beispiel ist das Altern: Das Altern ist ein irreversibler Prozess: Wir alle werden älter, aber keiner wird jünger.

Gibt es auch kryptologische Einwegfunktionen? Das ist eine äußerst schwierig zu beantwortende Frage, die theoretisch noch nicht entschieden ist. Die aktuelle Forschung beschäftigt sich damit, *Kandidaten für Einwegfunktionen* zu studieren.

An diesem Punkt kommt die *Mathematik auf einer höheren Ebene* ins Spiel: Mit Hilfe mathematischer Strukturen werden (potentielle) Einwegfunktionen konstruiert. Die Struktur, die für uns hier eine Rolle spielt, sind Primzahlen p, genauer gesagt, die natürlichen Zahlen, die höchstens so groß wie eine vorgegebene Primzahl p sind.

In der Kryptologie wird als Kandidat für eine Einwegfunktion hauptsächlich die *diskrete Exponentialfunktion* gehandelt.

Was ist das? Dazu braucht man nur zwei Dinge, eine Primzahl p (den *Modul*) und eine beliebige natürliche Zahl b (die *Basis*). Wenn man die diskrete Exponentialfunktion von einer ganzen Zahl x berechnen möchte, so kann man sich das wie folgt vorstellen:

1, Schritt: Berechne b^x.
2. Schritt: Teile b^x ganzzahlig durch p; der dabei entstehende Rest ist das Ergebnis.
Kurz:

$$x \mapsto b^x \bmod p.$$

Zum Beispiel kann man 3^5 mod 101 so berechnen, dass man erst 3^5 berechnet; dies ist 243. Dann teilt man diese Zahl mit Rest durch 101; es ergibt sich als Rest die Zahl $243 - 202 = 41$. Also ist 3^5 mod $101 = 41$.

Man könnte glauben, dass diese Funktion eng verwandt mit der reellen Exponentialfunktion sei ..., und jeder weiß, dass die reelle Exponentialfunktion eine der am besten untersuchten Funktionen überhaupt ist; insbesondere weiß jeder, wie sie aussieht! Also?

Die Wirklichkeit sieht aber ganz anders aus: Zwischen der stetigen reellen Exponentialfunktion und der diskreten Exponentialfunktion ist – abgesehen von der Definition – keinerlei Ähnlichkeit zu erkennen. Dies zeigt schon der erste Blick auf eine diskrete Exponentialfunktion:

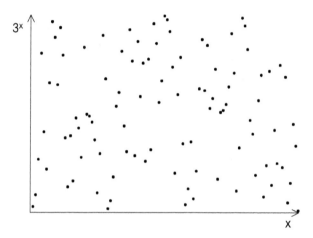

Dieses Bild suggeriert, dass die diskrete Exponentialfunktion unbeherrschbar ist.

Es gibt natürlich Verfahren, um die diskrete Exponentialfunktion zu invertieren; aber alle heute bekannten Verfahren sind außerordentlich aufwendig: Sie brauchen exponentiellen Aufwand. Daher kann man sagen: Bei dem heutigen Stand der Mathematik und der Computerentwicklung ist die diskrete Exponentialfunktion eine Einwegfunktion.

Verteilte Geheimnisse

In vielen Fällen möchte man eine sensible Information auf verschiedene Personen aufteilen, um so die Verantwortung für dieses Geheimnis auf mehrere Schultern zu verteilen. Ich nenne zwei Beispiele.

- Schon heute ist bei vielen Tresoren ein *Vieraugenprinzip* realisiert: Nur wenn beide Berechtigte ihren Willen zum Öffnen des Tresors kundtun, indem sie mit ihrem Schlüssel aufschließen oder ihre Zahlenkombination eingeben, öffnet sich der Tresor.

Es wäre schön, wenn man dieses Prinzip auf folgende Weise erweitern könnte: Eine Anwendung sollte nur dann gestartet werden (eine Tür soll nur dann aufgehen), wenn beliebige zwei der prinzipiell sehr vielen Berechtigten ihre Einwilligung geben. Dies wäre viel flexibler als das klassische Vieraugenprinzip, denn nach wie vor kann kein Berechtigter alleine die Anwendung starten, aber ein Berechtigter kann auch durch einen anderen ersetzt werden (man denke an Urlaub oder Krankheit).

- In kryptologischen Systemen spielt oft ein zentraler geheimer Schlüssel eine herausragende Rolle. Ein Beispiel dafür ist der „Poolkey" des Geldautomatensystems.

Ein solcher Schlüssel ist eine (unvermeidliche) Achillesferse des ganzen Systems; er muss also ganz besonders stark geschützt werden. Dabei sind zwei Aspekte zu beachten: Zum einen darf ein Angreifer nie das ganze Geheimnis erhalten. Zum anderen müssen auch die loyalen Mitarbeiter vor falschem Verdacht geschützt werden. Also darf auch ein Mitarbeiter nie den gesamten Schlüssel besitzen – und dies muss nachgewiesen werden können.

Alle diese Anforderungen werden mit sogenannten *Secret Sharing Schemes* erreicht. Damit erreichen wir die höchste Stufe der Anwendung von Mathematik: Secret Sharing Schemes bieten beweisbare Sicherheit auf jedem gewünschten Niveau!

Ich stelle Ihnen nur den einfachsten, aber wichtigsten Fall vor, nämlich ein Secret Sharing Scheme, das den folgenden Anforderungen genügt: Das Geheimnis soll so in Teilgeheimnisse aufgeteilt werden, dass gilt:

- Aus je zwei Teilgeheimnissen kann das Geheimnis leicht rekonstruiert werden;

- mit Hilfe eines einzigen Teilgeheimnisses kann das Geheimnis nicht (das bedeutet: nur mit unvertretbar hohem Aufwand) rekonstruiert werden.

Wie kann man ein solches System konstruieren? Hier kommt uns überraschenderweise die Geometrie zu Hilfe. Das Geheimnis sei irgendein Punkt K_0 der y-Achse. (Wenn das Geheimnis eine Zahl ist, kann man diese Zahl als y-Koordinate des Punktes K_0 wählen.)

Um dieses Geheimnis aufzuteilen, wählt man eine Gerade g durch K_0 und auf dieser Geraden g für jeden Teilnehmer einen Punkt K_i. Diese Punkte sind die Teilgeheimnisse.

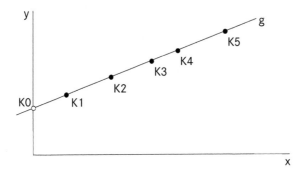

Bei der *Geheimnisrekonstruktion* empfängt ein System (welches nur die Geometrie kennt, also nur weiß, wie man Verbindungsgeraden und Schnittpunkte berechnet) gewisse Punkte und berechnet die Gerade durch diese Punkte. Wenn es keine solche Gerade gibt, bricht das System ab, da dann offenbar ein Betrüger mitspielt; wenn sich aber eine Gerade g' ergibt, so schneidet das System diese Gerade mit der y-Achse. Der Schnittpunkt ist das rekonstruierte Geheimnis.

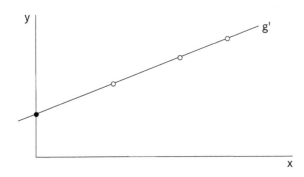

Wie weiter oben beschrieben gibt es zwei verschiedene Anwendungstypen: Beim ersten wird der konstruierte Punkt mit K_0 verglichen; bei Übereinstimmung wird die Aktion freigegeben. Es wird gemunkelt, dass der Einsatz der amerikanischen Nuklearwaffen durch ein ähnliches Schema geschützt ist. Der andere Anwendungstyp dient dazu, das Geheimnis K_0 erst zu konstruieren; ein solches System könnte man etwa zur bequemen Einbringung zentraler kryptologischer Schlüssel einsetzen.

Wie steht's mit der Sicherheit dieser Systeme? Wenn die y-Achse q Punkte hat, so ist die Betrugswahrscheinlichkeit genau 1/q. Dies ist die Wahrscheinlichkeit, einen Punkt der y-Achse, also ein potentielles Geheimnis zufällig zu wählen.

Mit anderen Worten: Es gibt keinen besseren Angriff als – das Geheimnis zu raten! Für einen Angreifer lohnt es sich nicht auch nur einen Cent für Computer oder für mathematische Beratung auszugeben; all das verbessert seine Chancen nicht im Geringsten!

Wie schwierig es sein soll, das Geheimnis zu raten, wird durch die Zahl q gesteuert. Für die allermeisten Anwendungen ist eine garantierte Betrugswahrscheinlichkeit von $1/10^9$ (also etwa $1/2^{30}$) völlig ausreichend. Das bedeutet, dass man auch mit einer vergleichsweise einfachen Arithmetik auskommt, so dass eine Implementierung keinerlei Schwierigkeiten bietet.

Stufen der Sicherheit

Wir haben gesehen, dass man durch den Einsatz kryptologischer (und das heißt: mathematischer) Methoden dem Ziel „beweisbare Sicherheit" schrittweise näherkommen kann. Wir unterscheiden folgende Stufen:

- **Informell analysierbare Sicherheit.** Ein Beispiel dafür ist das Challenge-and-response-Protokoll. Man muss nicht einfach „glauben", dass dieses Protokoll sicher ist, sondern man kann bereits *argumentieren*: Man kann anführen, dass die Daten variabel sind, dass es sich um Zufallszahlen handelt usw.

- **Formal analysierbare Sicherheit.** Dazu gehören die meisten der heute praktisch eingesetzten Algorithmen, etwa die Algorithmen, die auf der diskreten Exponentialfunktion aufbauen. Diese sind zwar nicht beweisbar sicher, man kann sie aber teilweise *mathematisch exakt analysieren*. Dies schafft ein sehr hohes Vertrauen in die Sicherheit dieser Algorithmen.

- **Formal beweisbare Sicherheit.** Diese höchste Stufe der Sicherheit haben wir bei den Secret Sharing Schemes gesehen. Hier *muss man kein menschliches Vertrauen investieren; im Gegenteil: durch die mathematisch bewiesene Sicherheit wird Vertrauen geschaffen!*

Literatur

Ein ganzes Panorama von modernen Anwendungen der Mathematik findet man in folgenden Büchern:

M. Aigner, E. Behrends (Herausgeber): *Alles Mathematik. Von Pythagoras zum CD-Player.* Vieweg+Teubner Verlag [3]2009.

A. Bachem, M. Jünger, R. Schrader (Herausgeber): *Mathematik in der Praxis.* Springer-Verlag 1995.

Die folgenden Bücher sind leicht lesbare, amüsante, aber tief gehende Einführungen in die Kryptologie; das letzte präsentiert modernste Verfahren:

A. Beutelspacher: *Kryptologie.* Vieweg Verlag [8]2007.

A. Beutelspacher: *Geheimsprachen. Geschichte und Techniken.* C.H. Beck [4]2005.

A. Beutelspacher, J. Schwenk, K.-D. Wolfenstetter: *Moderne Verfahren der Kryptographie.* Vieweg Verlag [6]2006.

Wie werden Informationen
am schnellsten verteilt?

Viele Anwendungen der Mathematik beruhen auf dem „richtigen" Modell für die Anwendung. Manchmal ist es ganz einfach, ein gutes Modell zu finden. Manchmal braucht man aber auch eine Idee: Irgendjemand fällt auf, dass ein Objekt, eine Struktur, die anscheinend mit der Problemstellung nicht das Geringste zu tun hat, das Problem ideal löst. In diesem Abschnitt zeigen wir, wie ein Problem möglichst effizienter Kommunikation mit Hilfe des guten alten Würfels optimal gelöst wird.

Das Problem

Acht Studentinnen und Studenten haben sich zu einer Lerngruppe zusammengeschlossen und machen zusammen ihre Hausaufgaben. Das heißt ... Sie arbeiten zwar zusammen, aber ihre Hausaufgaben lösen sie gerade nicht gemeinsam, sondern jeder löst nur einen Teil. Anschließend tauschen sie die Aufgaben aus, und jeder kann einen vollständigen Satz gelöster Aufgaben abgeben.

Meist haben die einzelnen Teilnehmer ihren Teil erst kurz vor dem Abgabetermin fertig. Daher gibt es regelmäßig eine totale Telefonhektik, denn alle telefonieren wild durcheinander, bis schließlich jeder die Lösungen der sieben anderen hat.

Um diesem Durcheinander ein Ende zu setzen, beschließen sie, das Problem vernünftig zu lösen. Und zwar wollen sie sowohl die Gesamtzahl aller Telefonate als auch die Gesamtzeit, die sie brauchen, bis jeder alle Lösungen hat, minimieren.

Die erste Lösung

Da das Achterteam aus intelligenten Mathematikstudierenden besteht, ist ihnen klar, dass wildes Durcheinandertelefonieren nur Chaos erzeugt. Daher vereinbaren sie für die erste Woche, dass Alex, die zuverlässigste, die Lösungen von allen entgegennimmt und sie dann wieder verteilt. Sie stellen dann aber fest (was sie vorher hätten wissen können), dass diese Prozedur zwar nur wenige Telefonate erfordert, es aber sehr lange dauert, bis der letzte die komplette Lösung hat: Alex muss von jedem angerufen werden und jeden anrufen, also nacheinander insgesamt 13 Telefongespräche führen (im siebten Telefongespräch kann sie schon alle Informationen weitergeben).

Die Lösung mit dem Würfel

Die Teamsitzung der nächsten Woche ist ganz der Lösung des Kommunikationsproblems gewidmet. Sie finden fast keine Zeit zu einem vorbereitenden Gedankenaustausch über die Mathematikhausaufgaben.

Die Grundidee ist ihnen bald klar: Es darf nicht so sein, dass eine Person praktisch alles macht; vielmehr muss das Sammeln und Weitergeben der Information von allen gleichermaßen geleistet werden. Das hat den Vorteil, dass zwei oder mehr Paare gleichzeitig telefonieren können.

Da hat Boris eine Idee: „Wieviel Paare können denn gleichzeitig telefonieren?" „Ist doch klar", meint Claudia, „wir sind acht; also können vier Paare gleichzeitig telefonieren."

„Zum Beispiel", schaltet sich hier Daniel ein, der Argumente immer erst dann versteht, wenn er ein Beispiel gesehen hat: „Alex mit Boris, Claudia mit mir, Effi mit Felix und Gunhild mit Holger." „Genau, du hast's erfasst", spottet Effi, „und dann?"

Boris, der die Lösung auch noch nicht vor Augen hat, sondern nur fühlt, dass er etwas Wesentlichem auf der Spur ist, versucht Zeit zu gewinnen und fragt in die Runde: „Wieviel wissen die Einzelnen jetzt?"

„Na ja", hilft ihm Felix, „du kennst die Lösungen von Alex und sie kennt deine." Jetzt ist Daniel wieder dabei: „Ich kenne Claudias Lösungen und sie meine, Effi und Felix kenne jeweils ihre Lösungen und Gunhild kennt Holgers Lösungen und umgekehrt." Ironischer Beifall brandet auf, der Daniel allerdings nicht irritieren kann.

Nun setzt Gunhild an, und alle werden sofort still, denn sie sagt zwar nicht oft etwas, aber wenn sie etwas sagt, dann hat sie auch was zu sagen: „Als nächstes müsste Alex mit Claudia, Boris mit Daniel, Effi mit mir und Felix mit Holger ..." „Also total gleichgeschlechtlich", quatscht Holger unpassend dazwischen, wird aber durch die Blicke der anderen sofort zur Ruhe gebracht.

„Wie kommst 'n darauf?", interessiert sich jetzt Alex, denn sie merkt, dass sie's zusammen schaffen werden. „Ich hab mir einfach zwei Vierecke vorgestellt. Das Viereck Alex, Boris, Claudia, Daniel und das Viereck mit Effi, Felix, mir und Holger." Dabei zeichnet sie folgendes Bild auf:

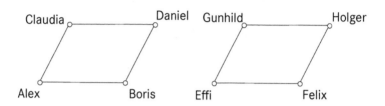

Jetzt ist auch Holger bei der Sache: „Zuerst haben die miteinander telefoniert, die durch eine waagrechte Linie verbunden sind: Alex und Boris, Claudia und Daniel, Effi und Felix, sowie Gunhild und meine Wenigkeit." „Ja", kapiert jetzt auch Claudia etwas, „danach Alex mit mir, Boris mit Daniel, Effi mit Gunhild und Felix mit Holger, also jeweils die, die im Bild durch eine schräge Linie verbunden sind. "

„Was wissen die Beteiligten jetzt?" versucht Boris die Diskussion wieder zu steuern. „Die Beteiligten, du meinst damit wahrscheinlich uns alle", meint Effi süffisant, „wissen jetzt schon ziemlich viel. Du zum Beispiel", wendet sie sich Boris zu, „du kanntest vorher schon Alex' Lösung und erfährst jetzt alles, was Daniel weiß, also seine und Claudias Lösung. Mit anderen Worten, du erfährst alles aus deinem Viereck."

Daniel muss es wieder genau wissen: „Ist das bei jedem so?" „Natürlich! Klar! Was denn sonst?" schreien alle auf ihn ein. Gunhild wartet, bis wieder Ruhe eingekehrt ist, und erklärt ihm geduldig noch ein Beispiel: „Ich habe zum Beispiel nach der ersten Telefonrunde bereits Holgers Lösung und Effi hat Felix' Lösung. Wenn ich mich also mit Effi austausche, haben wir beide alle Lösungen von Holger, Effi, Felix und mir." „Ach so", bedankt sich Daniel.

Alle spüren jetzt, dass sie etwas Entscheidendes kapiert haben. Sie haben auch bemerkt, dass die Zeichnung außerordentlich hilfreich war, denn sonst hätten sie bestimmt keinen Durchblick bekommen.

Wie geht's weiter? „Irgendwie müssten die zwei Vierecke verbunden werden", sinniert Boris. „Aber wie?" fragt Alex unnötigerweise. Da sagt Holger, er weiß selbst nicht warum: „Mal doch mal das zweite Viereck nicht neben das erste, sondern drüber!" Boris malt ein neues Bild:

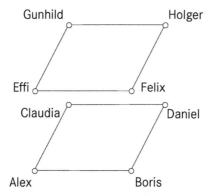

„Und jetzt", Gunhild hat mal wieder den besten Durchblick, „mal mal die senkrechten Linien ein, damit es ein Würfel wird."

Jetzt merken sie: Das ist die Lösung! Alle rufen mit leuchtenden Augen durcheinander: „Jetzt muss Alex mit Effi, Boris mit Felix, Daniel mit Holger und Claudia mit Gunhild!" „Dann wissen alle alles." Und ohne Daniels Frage abzuwarten, erklärt Alex ihm die Sache: „Vorher hattest du alle Informationen der unteren Ebene, und Holger wusste alles aus der oberen Ebene. Wenn ihr also eure Informationen austauscht, wisst ihr alles!"

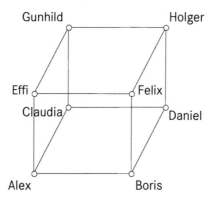

Nachdem sich der Begeisterungssturm gelegt hat, rechnen sie nochmals nach.

Wieviel Telefonate muss jeder führen? Genau drei!

Wieviel Telefonate sind insgesamt notwendig? Für jede Kante des Würfels eins, also genau zwölf.

Und wieviel Zeiteinheiten für die parallelen Runden? Drei Runden, also drei Zeiteinheiten!

„Ganz bestimmt das beste System!", freut sich das Team.

Mit mehr Teilnehmern?

Diese Anwendung zeigt sehr schön, dass die Lösung „ganz einfach" ist, wenn man das richtige Modell hat: Wenn man erst einmal die Idee hat, die Personen als Ecken eines Würfels aufzufassen, hat man eigentlich schon gewonnen.

Natürlich ist die Anwendung mit der Hausaufgabenverteilung nur ein Aufhänger. Es gibt viele Situationen, in denen Information in einem Netz dezentral, also bei jedem Teilnehmer, entstehen und wieder an alle Teilnehmer verteilt werden müssen. Dazu kann dann ein Verfahren wie oben beschrieben benutzt werden.

Was macht man, wenn mehr als acht Teilnehmer miteinander kommunizieren wollen? Die Mathematiker haben keine Hemmungen und sagen einfach: Wir nehmen den n-dimensionalen Würfel!

Keine Angst: Sie müssen sich jetzt nicht 4, 5 oder n Dimensionen konkret vorstellen. Das können auch die Mathematiker nicht. Sie haben nur eine verallgemeinerungsfähige Beschreibung des Würfels gefunden.

Dazu beschreiben wir das Würfelsystem noch einmal, allerdings auf einer etwas höheren mathematischen Sprachebene.

Man kann die Eckpunkte des Würfels durch Koordinaten beschreiben, und zwar durch

$$A = (0, 0, 0), \ B = (1, 0, 0), \ C = (0, 1, 0), \ D = (1, 1, 0),$$
$$E = (0, 0, 1), \ F = (1, 0, 1), \ G = (0, 1, 1), \ H = (1, 1, 1).$$

Dazu geht man von einen Würfel der Kantenlänge 1 aus, stellt eine Ecke in den Nullpunkt und richtet den Würfel so aus, dass seine Kanten parallel zu den Koordinatenachsen sind. Die ersten zwei Tripel beschreiben die Punkte auf der waagrechten Geraden vorne unten; die ersten vier Tripel stellen die Eckpunkte der unteren Ebene dar.

In dieser Darstellung kann man auch gut beschreiben, welche Punkte in welcher Runde miteinander kommunizieren und ihre Information austauschen müssen:

In der *ersten Runde* kommunizieren genau diejenigen Punkte miteinander, bei denen sich die Koordinaten *nur an der ersten Stelle unterscheiden*. Das klingt befremdlich, aber eine Überprüfung zeigt, dass diese Beschreibung richtig ist: In der ersten Runde kommunizieren zum Beispiel A und B. Deren Koordinaten stimmen an der zweiten und dritten Stelle überein (sie sind beide 0) und unterscheiden sich nur an der ersten. Dies gilt ebenfalls für C und D, E und F, sowie G und H.

Nun ist klar, wie's weitergeht: In der zweiten Runde kommunizieren A und C, B und D, E und G, sowie F und H. Das sind genau solche Punktpaare, deren Koordinaten sich *nur an der zweiten Stelle unterscheiden*.

Damit ist auch die Regel für die dritte Runde klar: In der *dritten Runde* kommunizieren genau diejenigen Punkte miteinander, bei denen sich die Koordinaten *nur an der dritten Stelle unterscheiden*.

Nun ist es auch nicht mehr schwer nachzuvollziehen, wie die Mathematiker das Würfelbeispiel verallgemeinern: Wir nehmen vorerst an, dass es genau 2^n Teilnehmer gibt. Diese werden durch Koordinatenvektoren mit n Einträgen dargestellt, und zwar sollen diese Einträge nur 0 oder 1 sein. Wir nennen diese Koordinatenvektoren auch „Punkte". Zum Beispiel sind

$$(0, 0, 0, ..., 0), \quad (1, 0, 0, ..., 0), \quad (0, 1, 0, ..., 0), \quad ...., \quad (1, 1, 1, ..., 1)$$

Punkte, die Teilnehmern entsprechen. Da es für jede der n Stellen zwei Möglichkeiten gibt, nämlich 0 oder 1, gibt es insgesamt genau 2^n Möglichkeiten, also 2^n Punkte.

Die Verteilung der Information erfolgt in n Runden.

In der ersten Runde tauschen genau diejenigen ihre Informationen aus, deren Koordinatenvektoren sich *nur an der ersten Stelle unterscheiden*.

In der zweiten Runde tauschen genau diejenigen ihre Informationen aus, deren Koordinatenvektoren sich *nur an der zweiten Stelle unterscheiden*.

Und so weiter:

In der i-ten Runde tauschen genau diejenigen ihre Informationen aus, deren Koordinatenvektoren sich *nur an der i-ten Stelle unterscheiden*.

Nach i Runden hat jeder Teilnehmer die Information von all denjenigen Teilnehmern, deren Koordinatenvektoren sich nur in den ersten i Stellen von seinem unterscheiden. Nach n Runden hat er also die Information von allen.

Letzte Frage: Was macht man, wenn die Teilnehmeranzahl nicht von der Form 2^n ist? Dann bestimmt man zunächst die kleinste natürliche Zahl n, so dass die Teilnehmerzahl kleiner als 2^n ist. Anschließend führt man das Verfahren genau so durch, wie wenn es 2^n Teilnehmer gäbe: Man ordnet jedem echten Teilnehmer einen der 2^n Punkte zu. Dabei werden einige Punkte übrigbleiben. Auch diese werden von einem Teilnehmer übernommen, der in jeder Runde die Kommunikationsaufgaben dieses Punktes mit erledigt.

Literatur

In folgender Arbeit wurde das „Würfelverfahren" zum ersten Mal beschrieben:

A.K. Agrawala, T.V. Lakshman: *Efficient decentralized consensus protocols.* IEEE Trans. Software Enging. **12** (1985), 600-607.

In dem Buch

A. Beutelspacher, U. Rosenbaum: *Projektive Geometrie. Von den Grundlagen bis zu den Anwendungen.* Vieweg Verlag ^{2}2004.

findet sich (neben obigem Beispiel) eine Fülle von Anwendungen geometrischer Strukturen.

Printed by Printforce, the Netherlands